LA

BANQUEROUTE DE LA SCIENCE

PREMIÈRE PARTIE

Par Ch. DÜRR, Physiologiste

> Pour atteindre à la vérité, il faut une fois dans sa vie se défaire de toutes les opinions qu'on a reçues et reconstruire de nouveau et dès le fondement tous les systèmes de ses connaissances.
>
> DESCARTES.

> Je suis rustique et fier et j'ai l'âme grossière
> Ne sachant rien nommer si ce n'est par son nom,
> J'appelle un chat un chat et Rollet un fripon !
>
> BOILEAU.

[...]EUR, RUE GUERSANT, 10, A PARIS
[...] DANS TOUTES LES LIBRAIRIES

1896

LA

BANQUEROUTE DE LA SCIENCE

PREMIÈRE PARTIE

Par Ch. DÜRR, Physiologiste

> Pour atteindre à la vérité, il faut une fois dans sa vie se défaire de toutes les opinions qu'on a reçues et reconstruire de nouveau et dès le fondement tous les systèmes de ses connaissances.
>
> DESCARTES.

> Je suis rustique et fier et j'ai l'âme grossière
> Ne sachant rien nommer si ce n'est par son nom,
> J'appelle un chat un chat et Rollet un fripon !
>
> BOILEAU.

CHEZ L'AUTEUR, RUE GUERSANT, 10, A PARIS

ET DANS TOUTES LES LIBRAIRIES

1896

LA BANQUEROUTE DE LA SCIENCE

PREMIÈRE PARTIE

A Monsieur Béchamp, membre de l'Académie de médecine de Paris

Monsieur et très honoré Compatriote

Dans votre aimable lettre du 10 Juillet dernier, par laquelle vous m'accusiez réception de mon livre sur la Vie, vous m'observiez que si nous étions d'accord sur ce point, que M. Pasteur a commis de nombreuses erreurs, nous ne l'étions pas sur les causes qui les motivèrent. Or, je me réservais de traiter cette question au cours d'une étude critique spéciale intitulée : *la Banqueroute de la science*, lorsque la mort inopinée de M. Pasteur m'empêcha de livrer cette œuvre à la publicité.

Il me répugnait de piétiner sur un cadavre !

J'aurais eu du reste à remonter le courant de l'opinion publique, surexcitée par une véritable orgie de panégyriques enthousiastes, que la presse inconsciente prodiguait à l'envi à l'homme funeste qui introduisit dans la pratique de l'art de guérir, celle de l'antiseptie et des cultures insensées que vous savez, dont il est pourtant de la plus haute importance de démontrer le peu de valeur ! De même qu'il est indispensable de mettre le public en garde contre la pratique homicide de la Toxicologie expérimentale, qui a remplacé en partie l'ancienne médecine allopathique, à laquelle il faut à tout prix que les médecins reviennent, parce que les enseignements *des princes de la science* du temps jadis, des Bichat, des Trousseau, des Lacaze, des Dupuytren etc. sont tombés en désuétude, depuis l'introduction, dans l'enseignement supérieur, des singulières théories de M. Pasteur. J'ai démontré du reste (1) (dans mon livre sur la Vie) le peu de valeur de la définition de la fermentation alcoolique, à vase clos, telle que ce doctrinaire l'a formulée, c'est-à-dire complètement à l'abri de l'air, ainsi que d'après lui aussi, tous les traités de chimie la définissent. Fausse appréciation d'un phénomène naturel, de premier ordre, parce qu'il est la base non équivoque de la chimie organique et de la physiologie ! Car je le répète, il n'existe pas d'autre processus de ce genre, au cours duquel les *Ferments*, c'est-à-dire les êtres simples organisés, ont la faculté de se reproduire, *physico-chimiquement*, en s'assimilant molécule à molécule les principes immédiats, épars dans un liquide organique amorphe, contenant du sucre, et contenant simultanément aussi, une quantité suffisante de matières minérales, dont la présence est indispensable à la constitution de leurs cellules fibreuses. Genèse importante à laquelle l'air, l'eau, les matières minérales en général et la chaleur ambiante atmosphérique, prennent une part si active.

Les ferments alcooliques unicellulaires aériens, qui transforment les moûts des fruits en alcool, c'est-à-dire l'ensemble des champignons aériens ou moisissures, dont presque toutes les espèces reviennent à leur état primitif unicellulaire après une ou plusieurs cultures, sont donc bien les infiniment petits, chargés par la nature de transformer la matière organique fer-

---

(1) Chez Mareseq jeune, libraire éditeur, 25-27, Rue Soufflot, à l'angle du Boulevard Saint Michel, Paris.

mentescible liquide, amorphe, en matière vivante, en organismes, simples, au moyen d'un principe vital doué d'un mouvement giratoire, dénommé *protoplasma*, qui contient déjà d'autres corps organisés, à l'état embryonnaire, au sein de la cellule fibreuse qui constitue l'habitat dudit protoplasma ; ces embryons ou nucléoles, passent alors à leur tour à l'état de cellules mères au cours de la fermentation alcoolique, lorsque la fermentation minuscule qui se manifeste à l'intérieur des cellules mères est arrivée à son maximun d'intensité. Dans ce cas, la somme de gaz carbonique infinitésimale développée au sein de la cellule mère, pendant ce processus, augmente la pression intra-cellulaire des ferments, et contribue ainsi a faire éclater l'enveloppe protoplasmique, lorsque le degré de pression intra-cellulaire dépasse le degré de résistance de ladite enveloppe. Celle-ci en se déchirant déverse ensuite, dans le liquide en fermentation, son contenu giratoire semi-fluide, avec les jeunes cellules qui s'y développent, en même temps que le mouvement giratoire, des millions et des millions de protoplasmas déversés, se communiquent au liquide en fermentation.

Cette genèse est surtout visible lorsqu'elle s'accomplit au sein du moût de bière, dont la composition se rapproche assez de celle du sang des animaux, issu lui-même, en partie, de la dextrine et de la glutine des graminées ou des grains, servant à la nutrition des herbivores, ou ruminants, au cours de laquelle ces principes s'animalisent (1).

Il n'est donc pas admissible, ainsi que le soutient M. Pasteur, que les ferments aériens remplissent à notre égard le rôle nuisible que ce doctrinaire leur attribue, en soutenant, sans l'avoir *prouvé*, que le corps des hommes (et des animaux), serait inaccessible aux ferments aériens, lorsque nous sommes en bonne santé !

---

(1) Voir le premier chapitre de mon livre sur la Vie.

Ce sont donc les ferments aériens, dont vous avez le premier signalé le véritable rôle qu'ils remplissent à l'égard des liquides sucrés et auxquels vous donnâtes le nom de *microzima*, qui sont également l'origine unique des *leucocytes*; corps vivants qui se développent dans le liquide salivaire légèrement visqueux, à base de chlorhydrate d'ammoniaque et de chlorure de sodium de tous les animaux, constituant la diastase et qui constituent également aussi, les fines granulations que l'on remarque dans le chyle, dont le rôle est si important. Par conséquent, c'est vous Monsieur, que l'Académie aurait dû couronner, pour avoir démontré, huit ans avant M. Pasteur, le véritable rôle que les *germes*, préexistant dans l'air atmosphérique, remplissent à l'égard des liquides sucrés.

Car il est incontestable, que Pasteur et Claude Bernard s'inspirèrent de votre découverte, lorsqu'ils se livrèrent à ces expérimentations, traitées d'admirables, par la majeure partie des savants de l'époque, qui, de même que les auteurs, n'en comprirent absolument pas le véritable sens, au point de vue de la chimie organique et de la physiologie !

Par la raison, que, si les expérimentateurs avaient été réellement doués de la sagacité qui caractérise le génie, ils auraient admis : que, si la vie et le mouvement pénètrent avec l'air et les poussières atmosphériques qu'il charrie en tout temps, au sein d'un liquide fermentescible, préalablement stérilisé, contenu dans un ballon en verre, isolé de l'air respirable au moyen d'un bouchage artificiel capable de filtrer cet air ! il devait en être de même, lorsque les éléments identiques s'introduisent dans l'économie, si éminemment fermentescible des hommes et des animaux, dont le corps ne peut absolument pas se comparer à un vase rigide, accessible seulement à l'air pur, au moyen d'un filtrage artificiel !

A moins d'admettre, que notre épiderme, qui s'ouvre et se referme plusieurs fois par seconde, a la propriété de filtrer l'air, intégralement ; ce qui est inadmissible, attendu que certains ferments sont tellement ténus, qu'ils pénètrent jusque dans les cavités aériennes des os des oiseaux et plus particulièrement encore, au travers de nos pores !

A part cela, la présence de spores, dont la dimension appréciable ne se limite pas même de 1 à 5 millièmes de millimètre, a été constatée dans l'intérieur de meubles fermés et même de caisses en fer hermétiquement closes, ou du moins passant pour telles.

Enfin, était-il logique d'admettre, que les ferments aériens, aspirés avec les poussières dont ils font partie et l'air qui les charrie, introduits, soit au travers des fosses nasales, soit au travers de la bouche, en se mélangeant, soit avec la salive, soit avec l'eau que nous buvons, soit avec les aliments de la nutrition, ne pénètrent pas non plus, jusque dans les replis les plus reculés de nos appareils digestifs, alors qu'il est admis ; que l'eau préalablement bouillie et refroidie à l'abri de l'air, est éminemment indigeste ? ! Pourquoi cela ? Précisément parce qu'elle n'est pas oxigénée ! C'est-à-dire saturée de ces mêmes poussières contenant les mêmes ferments que M. Pasteur déclare devoir être nuisibles ! Quelle anomalie ! Et combien il eût été plus logique d'admettre, (dès l'instant qu'on avait voulu prouver et qu'on avait prouvé en effet, ce qui est exact), que si les ferments ne naissent pas spontanément au sein des liquides fermentescibles, ils pénètrent évidemment de l'extérieur à l'intérieur des corps des animaux, dont l'économie liquide est également soumise à la fermentation, dès l'instant qu'il se dégage de la surface de leurs appareils respiratoires, de la chaleur, du gaz carbonique et de la vapeur d'eau ; absolument comme il se dégage de la chaleur du gaz carbonique et de la vapeur d'eau, de la surface de tous les liquides en fermentation !

Ce parallélisme est d'autant plus frappant du reste, qu'un être vivant est aussi peu capable de respirer, de vivre, ou de continuer à vivre, au sein d'un local clos, où une quantité de moût fermente, qu'il est impossible à aucun être vivant de continuer à vivre, à respirer, dans un espace hermétiquement fermé, ou d'autres êtres respirent en même temps que lui, c'est-à-dire, des organismes qui, de même que les moûts en fermentation, transforment l'air respirable en gaz acide carbonique au moyen des *ferments* aériens que l'air contient. De même que ces microorganismes entretiennent aussi la fermentation des moûts des fruits, (ceux qui sont attachés à la pellicule des raisins par exemple), dont ils déterminent en même temps la maturation ou saccharification. Tandis que les moûts de bière fermentent au moyen d'un ensemencement artificiel de cellules passées d'abord à l'état de moisissures et revenues ensuite à l'état unicellulaire, après une ou plusieurs cultures.

Mais ce qui me paraît inexplicable Monsieur, c'est que Claude Bernard, après avoir démontré que le sang contenait du sucre, admettait la fermentation animale en principe, et devait se souvenir, que les ferments ne naissent pas spontanément au sein des liquides fermentescibles, ainsi qu'il venait de le démontrer ; phénomène d'où il aurait dû déduire nécessairement : que la fermentation animale était entretenue par un ensemencement perpétuel au moyen des ferments aériens ! Car il n'existe pas de fermentation sans la présence des ferments ! Enfin, comme d'un autre côté, Pasteur avait posé en principe : que dans un liquide simplement sucré les ferments sont incapables de se reproduire, il était également logique de déduire de ce fait capital, que si le sang des hommes et des animaux contient non seulement du sucre, mais encore un principe alcalin suffisant, les ferments aériens ont aussi la faculté de s'y reproduire, précisément parce qu'il avait démontré qu'il suffisait d'ajouter de l'alcali à un liquide simplement sucré, pour que les ferments soient dans le cas de s'y multiplier ! Car je le répète, il n'existe pas de liquide sucré qui contienne autant de principes minéraux que *le sang*, dont la bile ou principe alcalin par excellence, est le levain !

Il n'y a donc pas d'exemple en science, d'expérimentations aussi contradictoires et aussi peu rigoureuses. Car si la théorie des *générations spontanées*, telles que la comprenaient les contradicteurs de MM Pasteur, Dumas, Claude Bernard, c'est-à-dire basée sur la naissance des *amylobacter* au sein des cellules végétales, est inacceptable. MM. Trécul, Robin, Frémy, Pouchet qui la préconisaient, auraient eu le droit de demander à leurs contradicteurs, comment les milliards et les milliards de granulations, qui constituent la base de nos réserves vitales parviennent à se constituer, dès l'instant que M. Pasteur après avoir démontré, je le répète, que la matière organique n'a pas la faculté de se reproduire par elle-même, pose également en principe : que le corps des hommes et des animaux en bon état de santé, reste inaccessible aux ferments aériens ?

Enfin pour bien faire ressortir le peu de logique des déductions que ces deux savants tirèrent de leurs expérimentations, si légèrement traitées d'admirables en leur temps, je rappellerai simplement, Monsieur, l'expérimentation de Tyndall, dont vous avez connaissance, en raison de laquelle cet autre savant prouva ; non seulement, que les poussières atmosphériques étaient uniquement capables d'engendrer la Vie, mais encore de diffuser la lumière !

C'est ainsi que l'on admet en sciences naturelles, cette base non équivoque de tout savoir humain, comme le dit avec tant de raison le docteur Lacaze, comme deux axiomes ou vérités irréfutables, deux propositions tellement contradictoires, qu'elles se détruisent réciproquement l'une par l'autre.

Car, si d'un côté Pasteur admet, que les ferments aériens, que les poussières contiennent en quantité, ne pénètrent en nous qu'en cas de maladie, ce qui est non seulement faux, mais encore absurde, on ne doit pas admettre avec Tyndall, que ces mêmes ferments contenus dans la poussière, soient uniquement capables d'engendrer la Vie, ou de l'entretenir ! Fait qui est exact, précisément parceque Claude Bernard et Pasteur l'ont également démontré sans le soupçonner, ou si l'on veut, sans découvrir le rôle immense que ces infiniment petits remplissent à l'égard de la Vie et de la création, lorsqu'ils se livrèrent à ces fameuses expérimentations.

Qu'on ne vienne donc pas nous parler de la rigueur que M. Pasteur apporta dans l'étude des ferments et des fermentations ! Car cette assertion ne tient pas debout ! Il en est de même pour ses autres recherches, ainsi que je le prouverai par la suite.

Or, quand M. Duclaux son ancien préparateur affirme : que les travaux de son ancien patron étaient marqués au coin d'une *imagination figuratrice, d'où résultaient des expérimentations créatrices actives et puissantes s'interférant et se réduisant naturellement et mutuellement au repos sur leurs limites communes*, de façon que leurs *domaines restent séparés*, il sait pertinemment qu'il n'en est rien !

Mais comme les adeptes de cette école se font un genre, je dirai même une spécialité de tromper le public, au moyen de réclames qui ne sont qu'un remplissage amphigourique, destiné à donner une haute idée de leur propre savoir, basé en partie sur la valeur de la science qu'ils professent, d'après les *magnifiques travaux* de leur chef de file, dont vous et moi Monsieur, nous connaissons la valeur réelle, il faut bien admettre, que le morceau d'éloquence que M. Duclaux fit paraître dans le numéro du 5 octobre dernier de la *Revue de Paris*, c'est-à-dire quelques jours après la mort de M. Pasteur, est une œuvre d'imagination pure, destinée à relever le prestige de ce savant, aux yeux des lecteurs de cette Revue, dont la plupart sont déjà trop disposés à croire au génie de Pasteur, par cela même que son panégyriste fait partie de l'Institut. Ce qui, pour nous Monsieur, n'est plus un titre de loyalisme scientifique, depuis que la spéculation est en faveur parmi les membres qui dominent dans cette assemblée, dont l'ignorance en chimie organique est si grande !

C'est ainsi que dans mon livre sur la Vie, j'ai fait remarquer que la théorie de la fermentation alcoolique *anaérobie* à vase *clos*, telle qu'elle fut imaginée par M. Pasteur, figure toujours comme celle qui offrirait le plus de garanties aux brasseurs, dans tous les traités de chimie organique, notamment dans celui de M. Troost, alors que je tiens à la disposition de MM. Duclaux, Troost, Gauthier, etc., les noms des brasseurs que M. Pasteur a trompés, dont l'un s'est ruiné en appliquant son système et dont beaucoup d'autres ont été dans l'obligation de vider leurs caves. Il faut croire que l'intérêt de M. Pasteur passe avant l'intérêt de l'industrie et de la science, dont il a fait un si misérable abus, puisque malgré ces pertes sèches on s'obstine à maintenir, quand même, dans un livre scientifique, de semblables erreurs, dont les viticulteurs furent et sont encore, les victimes ! Je tiens également aussi à la disposition des susdits savants, des lettres qui confirmeront de la manière la plus formelle, que la fermentation *anaérobie* des vins, est aussi impraticable que la fermentation à vase clos de la bière, sans oxigénation préalable et devient la cause directe de la maladie des vins. Il en est de même pour la fermentation putride ou septicémie, que tous les manuels de chimie attribuent, toujours encore, selon son auteur, à un ovule charrié par l'air : alors qu'elle est le simple fait des *ferments*, lorsqu'ils se développent ou se multiplient sous l'influence de la chaleur et de la privation de l'air respirable, ainsi que le pensait Liebig avec raison. Car il est absurde de la part de M. Pasteur d'attribuer à un animal, la cause d'un phénomène purement chimique, dont les ferments sont l'unique origine, ainsi que le bon sens et la logique l'indiquent ! Cependant si la première erreur de M. Pasteur a fait subir des pertes matérielles aux brasseurs, sa définition erronée de la septicémie a donné le jour à l'antiseptie, dont un des préparateurs mêmes de l'Institut Pasteur, (dans un article inséré le 6 février sous la rubrique de *la lutte pour la vie*, dans la gazette, le *Journal*) dénonce la pratique, comme éminemment meurtrière, sans que ce praticien, qui doit pas mal, avoir tué de malades, éprouve la moindre velléité d'informer le public. que ce fût Pasteur lui-même, qui introduisit l'antiseptie dans la clinique des hôpitaux publics, sous les auspices d'un prince de la science moderne. (1)

C'est donc à M. Pasteur, uniquement à lui, qu'incombe toute la responsabilité des accidents dénoncés jadis par M. de Backer ! Il est de la plus grande importance que cela se sache !

Je m'explique maintenant, Monsieur, pourquoi votre adversaire versa des larmes sur la tête de ses petits enfants, ainsi que le relate un de ses panégyristes, dans les colonnes d'un journal, au cours d'un article sensationnel que j'ai sous les yeux ! Ce ne pouvait être que le remords des désastres qu'il a déchaînés sur la société, depuis qu'il pratiqua si audacieusement ses expérimentations sur l'homme, sans être jamais sûr des résultats qu'il obtiendrait, qui lui fit verser des pleurs, en jetant un regard rétrospectif sur ses œuvres ! Car cet homme au cœur léger prévoyait, sans doute, que la postérité impartiale, demanderait compte un jour à sa mémoire, des conséquences de son incroyable entêtement, que des milliers et des milliers de ses semblables, disparus

---

(1) Depuis cette époque la mortalité en France n'a fait que croître ainsi qu'on peut s'en assurer au moyen des statistiques. Si je m'en rapporte au rapport fait au nom de la commission d'assurance et de prévoyance sociale, il meurt annuellement 825.000 enfants, adolescents, hommes et femmes à la force de l'âge ! Il est impossible qu'on ne finisse pas par ouvrir les yeux ; surtout lorsque l'on connaîtra la cause de ces désastres que l'on ne peut logiquement attribuer qu'à l'introduction des enseignements conformes aux nouveaux programmes et à la suppression de l'ancienne médecine.

dans la force de l'âge, payèrent et payent toujours encore de leur existence !

Mais, Monsieur, je vous l'ai dit, moi aussi j'ai versé des larmes sur un fils de dix-sept ans, revacciné d'office, dans un lycée, sans mon consentement préalable, qui succomba, ainsi que 22 de ses camarades et 2 surveillants, aux atteintes de la fièvre typhoïde, après avoir été antiseptisé, bourré de quinine, empoisonné par un praticien antiseptiste à outrance! Un admirateur inconscient de Pasteur, lequel praticien ne tarda pas à succomber lui-même (quelques années après cette catastrophe) au typhus. Témoignage indiscutable que les médecins, imbus de ces belles théories, sont incapables, non seulement de garantir leurs malades, leurs proches parents, contre les maladies infectieuses, mais de se sauvegarder contre elles, alors que les anciens praticiens parvenaient presque tous à un âge avancé, avant que la toxicologie et l'antiseptie battent leur plein !

C'est à la suite de cette catastrophe que je me mis résolûment à l'œuvre et que je fus à même, après quatre années d'études ardues et de veilles, non seulement de réfuter Pasteur, mais encore de trouver les moyens de combattre la *fièvre* ou fermentation tumultueuse du sang, au moyen de ferments spéciaux, que j'eus la naïveté de faire offrir à M. Pasteur en 1893, par un grand brasseur de Paris! Offre qui fut repoussée avec dédain! Mais, peu de temps après, M. de Backer injectait aux phtisiques de la levure de bière?? Comme s'il n'existait pas d'autres *ferments !* Alors qu'un peu plus tard, en dépit de mon offre, on traitait avec deux empiriques, l'acquisition du procédé que le *Figaro* se chargea de lancer sous le nom de *serumthérapie*. Pratique absurde, dont je fis la critique immédiate dans mon livre sur la Vie, paru en avril 1895. Œuvre dont j'eus l'honneur de vous offrir un exemplaire, bien avant la mort de Pasteur, auquel j'en fis parvenir un autre d'une manière détournée !

Pour en revenir à la cause des erreurs de ce doctrinaire, il est certain que s'il avait eu le moindre jugement, lorsqu'après avoir trouvé des *bactéries* et des *vibrions* dans du moût en pleine évolution butirique, il reprit pour son compte les travaux, déjà anciens de Rayer et Davaine, sur le sang de rate, il n'eut pas affirmé; que, les corps flexueux mobiles, qu'à son tour il vit se mouvoir dans le sang charbonneux, étaient des *vibrions*, (ou *microzoaires*) de nature animale, par l'unique raison, que ces corpuscules écartaient les globules du sang comme un serpent écarte l'herbe au travers de laquelle il rampe, alors que MM. Rayer, Davaine et vous-même, Monsieur, souteniez, ce qui est vrai, que les *bactéries* et les *vibrions* mobiles provenaient de *spores* et non d'ovules que l'air charrie! Mais l'imagination figuratrice de M. Pasteur l'entraînait à dramatiser un phénomène aussi simple, dès longtemps acquis à la science!

Votre contradicteur ignorait en effet, ou feignait d'ignorer, que le mouvement chez les infiniment petits n'implique pas une condition *sine-qua-non* d'animalité! Il importait avant tout de faire prévaloir sa théorie, surtout dans le but d'enlever à Raspail le mérite de sa découverte, non seulement aux yeux des savants, mais encore aux yeux du public! Or, cette faculté qu'ont certaines espèces de spores aériennes de se mouvoir, est tellement vraie, que j'ai constaté moi-même, que quelques-uns de ces corps passés à l'état filamenteux, au cours de l'acidification de quel liquide fermentescible que ce soit, avaient non seulement la faculté de se mouvoir, c'est-à-dire de faire acte de vie, mais grimpaient littéralement le long du vase ou leurs voiles nageaient sur le liquide et se collaient aux parois! Et ces corps n'étaient certainement pas, ni des *infusoires*, ni des *acariens*, ni tout autre *microbe* de nature animale.

Enfin, n'est-il pas indiscutable, que plusieurs espèces d'algues, les *diatomées* par exemple, sont douées d'un mouvement rectiligne, qui se manifeste sous le champ du microscope, où on les voit s'avancer par des mouvements spontanés (comparables à des décharges électriques minuscules intermittentes) interrompus par des instants d'inaction et souvent par un repos prolongé.

Il est vrai que les diatomées (dont on connaît plus de deux mille espèces de formes différentes) furent pendant longtemps rangées parmi les animaux, en raison même des mouvements qui les *animent* et qui sont assez énergiques pour arriver à déplacer les divers corpuscules étrangers qu'il rencontrent dans leurs progressions.

Cependant, ce qui les fit distinguer des *infusoires*, c'est que leur coque ou enveloppe siliceuse, résiste à l'action de l'ammoniaque et des acides sulfurique, chlorhydrique etc., liquides caustiques qui détruisent rapidement les infusoires. Il en est de même pour les *bactéries*, les *bacilles*, les *vibrions*, que les acides n'attaquent pas et qui reviennent à l'état de *spores* et non d'*ovules* ou d'*œufs* microscopiques ! Faits probants dont M. Pasteur, par entêtement ou parti pris, n'a jamais voulu tenir compte ; de là ses erreurs impardonnables.... Les frustules des diatomées, (appelées aussi navicelles, navicules, bacillariées, oscillariées) se composent de deux valves opposées, réunies par une bande connective, qui renferment un endochrome jaunâtre ou brunâtre, au milieu duquel on remarque des granules de nature huileuse, qui attestent leur véritable nature exclusivement végétale, quoique ces corps se reproduisent à l'état fissipare, (par conjugaison ou rapprochement sexuel), c'est-à-dire en s'individualisant ou en se partageant en deux individus semblables, mode de reproduction qui est également commun aux infusoires ! Avec cette différence, que ces animalcules, les oxythriques par exemple, s'individualisent, en courant très vite dans différentes directions, en agitant leurs *cils* ou poils, avec une extrême rapidité, en même temps que chaque portion d'individu tire de son côté en sens inverse, d'ou résulte la séparation complète des deux animalcules. (Ch. Robin)

Votre adversaire scientifique, Monsieur, a donc fait preuve d'un parti pris regrettable, ou d'une ignorance singulière, lorsqu'il assimila, les *bactéries* immobiles et les *vibrions* mobiles, évidemment issus, je le répète des spores aériennes (puisque ces corps filamenteux reviennent à l'état de *spores* et non d'ovules après une ou plusieurs dessiccations), lorsque après en avoir trouvé dans le sang charbonneux, il prit pour des animaux ces articles, mouvants, sautillants, quoique les *infusoires*, à l'état adulte soient sexués et je le répète munis de poils, dont les *bactéries* et les *vibrions* sont privés.

C'est donc en négligeant de tenir compte de faits, aussi connus, que M. Pasteur, je le rappelle encore une fois, a commis ses erreurs les plus graves, dans le but évident, de faire cadrer ses prétendues découvertes avec la théorie de Raspail, qui, à tort ou à raison, voyait des animaux acariens de partout, ainsi que je l'ai constaté plus haut De même qu'il s'est trompé lorsqu'il pose en principe, que les *ferments alcooliques* sont des êtres *anaérobies* qui s'accommodent très bien de vivre et de se reproduire sans gaz oxigène libre. Théorie de laboratoire qui est démentie journellement par la pratique, en brasserie ! De sorte que le moindre chef de chantier, chargé de surveiller les fermentations, en aurait remontré à M. Pasteur et en remontrerait encore à MM. Duclaux, Gauthier, Troost, etc., en un mot à tous les membres de l'Institut, qui ont la prétention de savoir la chimie organique, dont la fermentation alcoolique *aérobie* et non la fermentation *sans air*, est la base.

Or, Monsieur, comme votre adversaire scientifique s'est *sciemment* trompé ! Comme il a *sciemment trompé* ses collègues de l'Institut et vos collègues de l'Académie de Médecine qui le considèrent ou le considéraient jadis, comme un des grands *initiateurs de l'humanité,* précisément parce qu'il leur fit accroire qu'il avait apporté la plus rigoureuse exactitude dans l'étude des fermentations, ainsi que me le mandait un des membres les plus distingués de l'Académie des sciences, en réponse à une lettre que je lui avais adressée au sujet des erreurs de M. Pasteur, ce dictateur devant lequel s'inclinaient tous les fronts académiques, ce *grand parmi les grands*, n'est *pas du tout, mais du tout*, l'homme extraordinaire, le grand initiateur *de l'humanité* qu'on voudrait faire passer pour tel ! Puisque, je le répète, n'en déplaise à M. Duclaux, un simple garçon brasseur, un peu intelligent, aurait été capable d'en remontrer à son maître, lequel, j'insiste, ne *savait pas* même, que les ferments alcooliques de la levure sont unicellaires, si je m'en rapporte au fac-simile de spores en chaînettes que M. Troost de l'Institut, nous donne comme un spécimen exact des ferments alcooliques, d'après M. Pasteur ! Ce qui est absolument inexplicable !

Mais comme d'un autre coté, M. Duclaux fait sonner si haut dans l'article publié par la Revue de Paris, que les expérimentations de son ancien patron, créatrices et puissantes s'interféraient en se réduisant naturellement et mutuellement au repos sur leurs limites communes etc. etc., on ne peut s'empêcher de rire de ce pathos, en cherchant à démêler exactement ce que cet académicien a bien voulu dire au cours de ses tirades intensives, qu'il se croit obligé d'amplifier, en sa qualité de *savant*, alors que le langage scientifique ne souffre pas de semblables circonlocutions !

Mais ce n'est pas tout ! Car M. Pasteur s'est aussi piteusement trompé, lorsqu'il soutenait contre M. Colin, que chaque maladie infectieuse anodine ou terrible, avait pour cause originelle, soit un *bacille*, soit un *vibrion* particuliers, soit une *bactérie* spéciale, et notamment le charbon ! Alors que nous savons, que ces articles sont simplement des spores aériennes ou *microzima* passant à l'état filamenteux, à mesure que le liquide qui les contient *s'acidifie !* On rencontre en effet des bactéries ; 1° Dans l'économie liquide de tous les cadavres, quelle que soit la cause de la mort de l'individu, aussitôt que la décomposition cadavérique passe à la phase acide. 2° Dans l'économie de n'importe quel animal, sain, axphyxié. 3° Dans le sang des goutteux, des rhumatisants etc. 4° Dans certaines eaux de pluie. 5° Dans l'urine, dont la couche superficielle mucilagineuse, saturée de phosphate ammoniaco-magnésien contient : soit des *bactéries*, soit des *vibrions*, soit des *lepthotrix*, soit des *sarcines*, ces dernières caractérisées par leurs cellules cubiques, juxtaposées en groupes cuboïdes ou prismatiques, visibles à l'œil nu, etc.

Enfin le vinaigre naturel, qui sert à la consommation publique, contient parfois aussi des quantités de vibrions, de bactéries, ainsi que des quantités d'infusoires, que nous nous assimilons. sans le savoir.

De même que les savants, en contradiction avec M. Pasteur, ont absorbé des quantités de bactéries et en ont fait avaler des colonies entières, extraites du sang d'animaux charbonneux, à des moutons, sans que rien de fâcheux ne soit résulté de l'ingérence de ces corps, dans l'économie des hommes et des animaux, ni pour les uns ni pour les autres ! (1) qui oserait soutenir le contraire ?

Il a donc fallu que les partisans des théories singulières de M. Pasteur fassent des pieds et des mains, pour arriver à faire prévaloir ses soi-disantes découvertes ! De là les coups de grosse caisse, dont la Revue de Paris nous a servi un échantillon si complet !

Mais écoutons ce que nous apprend à cet égard un véritable savant.

« Rien de plus sûr, dit M. Ch. Robin, que les corpus-
» cules appelés *Microzima* par M. Béchamp, passent à
» l'état filamenteux, multicellulaire, représentant le

---

(1) Tout article filamenteux provenant de spores, est un signe d'acétification et finalement d'acidification de tout liquide fermentescible y compris le sang de tous les animaux, preuve non équivoque que le sang, ainsi que la limphe fermentent !

» — mycélium — des espèces dont elles sont les
» spores. etc.
« Il est certain aussi, que ces filaments, à quelque
» espèces qu'ils appartiennent, même lorsqu'il s'agit
» du ferment ammoniacal et d'autres ferments encore,
» sont ceux qui sont doués pendant un temps variable
» d'un mouvement locomoteur, vif ou lent, bien qu'ils
» ne soient pas ciliés (caractères spécial aux micro-
» zoaires adultes ainsi que je l'ai déja fait remarquer
» pour les diatomées).
« Ils se meuvent, continue M. Robin, dès qu'ils sont
» formés de deux cellules cylindriques et au delà,
» souvent il se partagent en filaments courts, mobiles,
» et se multiplient ainsi.
» Ce sont ces filaments qui, arrivés à cette période,
» prennent les noms de *vibrions*, corpuscules, animés,
» sautillants mobiles, qui sont considérés de divers
» cotés comme de nature animale, malgré les travaux
» déjà anciens de M. Davaine, confirmés par de nom-
» breux observateurs, etc. etc.
« Une fois ces faits confirmés on voit tomber la
» déplorable complication de la nomenclature relative
» à ces corps vivants, résultant de ce que chaque
» auteur a, suivant son caprice, donné un nouveau
» nom à des objets déjà nommés.

. . . .

Telle est l'opinion du grand savant dont je suis l'un des plus fervents disciples, celui dont M. Pasteur osa réfuter les enseignements, sans avoir étudié préalablement, ni la biologie, ni la botanique !

Comme il eut aussi l'audace de songer à régenter la brasserie, sans avoir jamais, ni manié une pelle au germoir, ni même surveillé la moindre trempe, ni mis en levain (opérations familières à tous les praticiens) sous le singulier prétexte, qu'en sa qualité de membre prédominant de l'Institut, il était doué d'une certaine dose de lumière intérieure, qui lui rendait le monde des infiniment petits tellement familier, que sa foi et son habileté le firent toujours échapper aux périls de la route, c'est du moins ce que M. Duclaux suppose ! Alors qu'il sait pertinemment, que la lumière intérieure de son patron, ne lui a pas empêché de s'égarer en route, de *vaticiner*, pour me servir de son expression, de se tromper, ainsi que, vaincu par l'évidence, il est obligé d'en convenir, en se gardant bien de spécifier : Que c'est précisément sur les faits qui lui valurent sa renommée, que M. Pasteur s'est si grossièrement trompé !

Enfin si réellement, Monsieur, le chef de l'école antiseptique eut pratiqué sa puissante méthode scientifique avec cette rigueur, que M. Duclaux lui attribue si bénévolement, au cours du panégyrique marqué au coin de l'emphase qui caractérise sa littérature, M. Pasteur se serait certainement abstenu de lancer la médecine dans les voies nouvelles, ou elle s'est embourbée, et ceci sans savoir ce que c'est qu'un malade, sans avoir jamais donné seulement un coup de bistouri de sa vie, ainsi que M. Duclaux le fait remarquer, d'un coté, si finement dans sa réclame. Tandis que M de Backer, d'un autre coté, l'accuse si étourdiment d'avoir fait empoisonner les malheureux, qui, depuis 25 ans que M. Pasteur introduisit l'antiseptie dans la pratique expérimentale des hopitaux publics, furent antiseptisés, *tués* par les médecins de son école.

C'est ainsi que tout ce que cet homme eut l'audace d'entreprendre, en dehors de ses connaissances spéciales, tout ce que sa vanité présomptueuse lui conseillait de *réformer*, que ce soit dans l'industrie brassicole ou viticole, dans la science et dans la médecine, périclita ! Et pendant ce temps, non satisfait de ses magnifiques émolumcnts de professeur à l'école normale, chaque année M. Pasteur faisait main basse sur les prix affectés par des philantropes aux découvertes utiles, ou bien, en faisait profiter ses élèves, ses préparateurs, ses flagorneurs ; de la l'engouement des uns, le fanatisme des autres !

C'est ainsi que l'Académie le couronna aussi pour avoir soit disant démontré, que les maladies infectieuses étaient le fait *d'ovules ou de germes* préexistant dans l'air, alors que vous aviez démontré, avant lui, je le répéte, que ces prétendus *ovules*, étaient simplement des *spores* ou *ferments* visibles et non des corps invisibles que l'imperfection des instruments d'optique nous empêche de voir. Manière assez commode, mais peu scientifique d'écarter un obstacle, dont M. Pasteur se servait parfois, pour se tirer d'affaire !

En résumé, les travaux de Pasteur se limitent 1° A la découverte de la rédintégration des facettes cristallines qu'on remarque sur les tartrates, unique découverte qu'il ait le droit de revendiquer et qui n'a contribué en rien à faire le bonheur de l'humanité ! 2° A la définition de la véritable nature de la *levure*, que Liebig considérait comme étant l'origine immédiate de la putrefaction, ce qui est exact, lorsque le processus continue à se produire *sans air !* Contrairement à l'assertion de M. Pasteur, lequel, je ne saurais trop insister, s'est à son tour encore plus grossièrement trompé, en affirmant : que les ferments alcooliques s'accommodaient fort bien, de la privation de l'oxigène ! Erreur qui l'engagea donc à formuler aussi cette autre théorie non moins erronnée, reproduite par tous les traités de chimie : Que la fermentation alcoolique *anaérobie*, à *vase clos*, est celle qui offre le plus de garanties au point de vue de la conservation de ce liquide ! Fait inexact, qui est démenti par la pratique et que Pasteur eut le plus grand tort de soutenir contre l'évidence ! Parce que, je ne saurais trop insister non plus sur ce point ; la fermentation alcoolique *aérobie* est non seulement la base de la chimie organique, mais encore celle de la Physiologie, reposant elle-même sur la fermentation alcoolique animale, essentiellement aérobie ! Phénomène de premier ordre que l'entêté savant se refusa toujours d'admettre, pour ce qui concerne l'aération des moûts de bière, quoique son système de fermentation à vase clos ait été réjeté de la pratique! Ce fait, unique, dans les arcanes de la science expérimentale rigoureuse, ravale donc son auteur, au niveau d'un spéculateur indigne d'être traité de savant, parce que la science n'a rien de commun avec le mensonge conscient et l'imposture flagrante, dont l'inventeur des appareils à vase clos, s'est évidemment rendu coupable, dans un but intéressé !

3° Par contre, on doit à Pasteur la constatation de ce fait, déjà cité, dès longtemps connu en pratique brassicole ; que les cellules de la levure ou ferments alcooliques n'ont pas la faculté de se reproduire dans un liquide simplement sucré, auquel il eut l'idée d'ajouter un principe alcalin minéral, suffisant, pour que cette Genèse puisse se reproduire! Phénomène qui lie très étroitement la chimie organique à la chimie minérale, dont M. Pasteur ne comprit encore une fois pas l'importance, au point de vue physiologique, où il aurait dû se placer; dès l'instant qu'il visait à réformer la médecine ! Mais il n'en est pas moins vrai que cette démonstration est de beaucoup la plus importante de toutes, à mes yeux du moins.

4° Enfin, on lui doit aussi ses observations sur la flacherie des vers à soie, dont ses flatteurs lui attribuèrent le mérite exclusif, alors que MM. Cornalia, Osimo, etc., constatèrent, en même temps que lui : que les psorospermies de la pébrine peuvent se présenter dès le moment de la ponte dans les œufs de papillons malades et qu'ils transmettent la maladie aux vers qui éclosent de ces œufs.

Mais par une aberration singulière, qui dénote encore une fois combien peu M. Pasteur était doué de cette intuition géniale, qu'on se plaît à lui attribuer, cette étude ne fit que le confirmer de plus en plus dans l'idée qu'il s'était faite, de l'action nuisible que les ferments aériens, les moisissures que l'air charrie, exercent sur l'économie des hommes et des animaux, alors que la maladie des vers à soie est déterminée simplement, par les psorospermies ou moisissures, provenant de la fermentation qui se manifeste au sein des amas des feuilles de mûriers, mal séchées! On ne peut pas donner un exemple plus frappant, du rôle alternativement utile et nuisible, que les ferments aériens remplissent dans la nature, en raison des métamorphoses que subissent ces organismes simples, dont le protoplasma passe alternativement à l'état de principe utile ou nuisible, selon la nature même des matières organiques qu'il s'assimile, soit à l'état unicellulaire, soit à l'état polycellulaire! Car ces corps, dont la vitalité résiste au froid le plus intense, se reproduisent aussi bien au sein d'un liquide organique quelconque, à l'état unicellulaire, qu'ils prospèrent et se reproduisent sur une matière organique semi-fluide ou simplement humide, sur laquelle les courants atmosphériques les déposent, dans un lieu où l'air est calme, où ils prospèrent alors sur leur système végétatif dénommé *mycélium*.

C'est ainsi que lesdits ferments aériens, passés à l'état de conidies de mucorinées, sont l'origine de la levure de bière, par une raison bien simple, que si l'air ne contenait pas de ferments, il n'y aurait pas non plus de levure! Enfin c'est précisément au moyen de ce raisonnement que je soutiens aussi; que sans la présence des corps organisés, dans les poussières que l'air charrie et de certaines moisissures, aucune des granulations moléculaires qui constituent nos réserves vitales ne sauraient se développer en nous, après avoir pénétré dans notre économie! Bien mieux! je suis enclin à penser, que certaines moisissures entrent pour une bonne part dans la composition de la matière cervicale grise, amorphe, dont les couches superposées servent à l'alimentation de nos cellules cérébrales.

Tel est, Monsieur, le résumé du maigre bilan scientifique des travaux de votre adversaire, qui prenait si résolument son bien où il le trouvait, pour en faire un usage si peu digne, dans le simple but de faire cadrer les découvertes des autres, avec ses théories préconçues, lesquelles ne reposent que sur des probabilités ! Quel est le savant digne de ce nom qui n'en a pas autant et plus à son actif, sans qu'il ait à son passif je le répète : la terrible responsabilité d'avoir introduit ses cultures intensives ou atténuées, ainsi que l'antiseptie *qui tue*, (de l'aveu même de ses propres disciples), lesquels s'attachèrent à sa fortune étrange, comme ces faméliques et ces déclassés, devenus plus tard, préfets, ministres même, s'attachèrent au début de sa carrière, aux pans de la redingote de Gambetta, cet autre puffiste que nous devons au pays de l'hyperbole !

Examinons maintenant Monsieur, comment M. Duclaux s'y prend pour exalter l'homme auquel il doit le siège académique qu'il occupe : « Le tempérament » scientifique de ce maître, dit-il, avait une troisième » face que nous n'avons pas encore mise en évidence ! » nous venons de le voir donnant carrière à son ima- » gination, la bridant, pour explorer prudemment et » patiemment le terrain nouveau sur lequel elle l'avait » entraîné. Cette besogne bien faite et l'expérience ter- » minée, il semble qu'il n'y eût plus qu'à dresser pro- » cès-verbal de constat, à faire un état des lieux ! Avec » Pasteur c'était autre chose ?

» Cet homme d'imagination était un audacieux ! Cet » expérimentateur était un timoré.

» Je m'explique. La région dans laquelle son imagi- » nation l'avait emporté s'étendait au-delà du point sur » lequel il s'était posé et avait fait ses premières inves- » tigations. Mais ce point n'était pas choisi au hasard. » Par une intuition merveilleuse qui peut-être a été sa » faculté maîtresse, il choisissait une question topique, » un haut sommet, *d'où il dominait* le pays *environ- » nant. Dès lors l'ascension étant faite*, il pouvait jeter » un regard autour de lui et y voir des choses qui pour » d'autres que lui-même, pour les préparateurs qu'il » avait mêlés à ses travaux, étaient restées noyées dans » l'ombre. De là l'éclat inusité, le caractère magistral

» de ses communications, en particulier de celles qu'il » faisait à l'Académie des sciences ou à l'Académie de » médecine.

» Sûr de ces résultats, fort de la vision intérieure » qui les rattachait logiquement à des notions déjà ac- » quises, ou à des notions nouvelles dont il pressentait » la vérité, raffermi par le sentiment plus ou moins » net de la continuité, de la solidité de l'ensemble, M. » PASTEUR SE PERMETTAIT PARFOIS DE VATICINER, de dépas- » ser dans ses prévisions les limites de l'expérience.

» Je ne donne pas l'exemple comme bon à suivre à » tout le monde Les forts seuls peuvent se permettre » de pareilles audaces. M. Pasteur, qui se les accordait » rarement, s'est QUELQUEFOIS TROMPÉ. Mais en revanche » que d'idées instructives il a émises, que de prévisions » qui sont devenues des réalités ! etc., etc.... » (1)

Ainsi Monsieur, voilà qui est convenu ! M. Pasteur, qui selon M. Duclaux était assez fort pour se permettre de vaticiner parfois, s'est effectivement trompé ! Non pas une fois, ce qui arrive à tout le monde mais quelquefois ! Et cet aveu est d'autant plus précieux à recueillir, qu'il émane de l'un des préparateurs mêmes que ce savant *mêlait*, ou *daignait mêler* à ses travaux ! Lequel, forcé par l'évidence des faits (pour celui qui sait lire au travers du remplissage amplifié qu'il a l'aplomb de servir aux lecteurs de la *Revue de Paris*) avoue, que bien des choses restaient parfois dans l'ombre, lorsque M. Pasteur dépassait dans ses prévisions les limites de l'expérience, en dépit de la vision intérieure et des notions déjà acquises, dont M. Duclaux parle d'autre part avec tant de conviction ! Or, si d'une part il n'est pas douteux que l'homme transcendent, qu'on nous montre escaladant d'un pas ferme la tour Eiffel de la science et jetant un regard génial autour de lui, après l'ascension du haut sommet d'où il dominait le pays, s'est trompé ;

(1) Il est à regretter que M. Duclaux ne spécifie pas les prévisions qui sont devenues des réalités !

si d'autre part encore M. Duclaux ne peut pas nier les bévues que son maître a commises, il est incontestable que l'homme, auquel la providence (laquelle donne aussi à l'autruche la faculté de courir et le sentiment instinctif qui lui fait enfouir la tête dans le sable pour ne pas voir et ne pas entendre) aurait selon ses disciples, accordé la science infuse, il est clair dis-je, que cet homme n'a jamais été un génie, car le génie est l'apanage de ceux dont les travaux reposent exclusivement sur la vérité ! En un mot de ceux qui ne se trompent pas ! Ou, s'ils se trompent ! qui ont la grandeur d'âme d'en convenir, au lieu de persister à soutenir leur infaillibilité !

De là cette faillite inévitable. d'une fausse science, qui est, malgré cela, toujours officiellement enseignée, que j'ai critiquée dans mon livre sur la Vie, dont j'ai, je le répète, fait parvenir un exemplaire au chef de l'école antiseptique ! De sorte que M. Pasteur a pu entrevoir au déclin de sa carrière étrange, l'effondrement prochain de son système et de son inexplicable méthode, que rien, absolument rien ne justifie.

Il est donc ridicule et blamable, Monsieur, de la part de ses fanatiques, de chercher à pallier ses fautes, d'entreprendre le sauvetage d'un homme, qui vous enleva le mérite de votre découverte et qui n'a même pas le droit de réclamer comme sienne, celle du fameux *microbe* dont ses continuateurs agitent constamment le spectre, sans même connaître sa nature exacte que les uns prennent alternativement pour un *germe*, pour une *spore* ou pour un *œuf* microscopique, alors que pour les biologistes, et les naturalistes, les vrais savants, il n'y a pas d'équivoque sur ce point important.

Il en est de même pour la *Pastorisation*, c'est-à-dire pour le chauffage de la bière ou du vin en bouteilles, dont le mérite exclusif : revient à *Nardon*. et non à Pasteur. Car Nardon s'était fait bréveter pour ce système, avant que l'illustre savant, l'académicien de haut vol, songeât même à s'occuper de cette question! Les incrédules pourront s'assurer au greffe du palais de justice, que par un jugement du 17 janvier 1867, le tribunal de première instance, du département de la Seine, rendit un arrêt qui donna gain de cause au susdit, *Nardon*, l'ennemi personnel de Pasteur, contre ses plagiaires! Il est bon que le nom de *Nardon* technicien brassicole et micrographe remarquable, que j'ai connu, auquel l'image adéquate de M. Dúclaux, enleva le mérite et le bénéfice de son invention, soit tiré de l'oubli!

Mais, par le fait, le chauffage des liquides alimentaires, est une simple application du système *Appert*, auquel les marins, les explorateurs, les ménagères, les restaurateurs, des armées entières, doivent de pouvoir consommer en toute saison, sous toutes les latitudes, soit des conserves de viandes, de poissons, de légumes, dont des milliers et des milliers d'individus s'occupent de *Pastoriser* les boîtes hermétiques, sans que le nom *d'Appert*, ce bienfaiteur de l'humanité, leur soit seulement connu!

Il est juste par conséquent, que surtout le nom *d'Appert* passe à la postérité! Car cet inventeur, ce savant, a vraiment conquis le monde, sans que cela coûtât une larme à qui que ce soit! Au contraire! Que les gourmets lui accordent donc au moins la reconnaissance de l'estomac, cet organe que le père de l'antiseptie, dont le nom est dans la bouche de tous les empoisonneurs modernes, respecte si peu, quoique ce soit la source indiscutable où la vie s'élabore! Singulière anomalie que cette renommée! Il est vrai que pas plus Appert que vous, Monsieur, pas plus les Robin, les Trécul, les Frémy, les Pouchet et tant d'autres plus savants que Pasteur, cette lumière du siècle, vous ne saviez comment se fabrique la renommée!

Il est encore vrai! qu'en raison de cette perversité qui engage à tout accorder à l'intrigue et peu, trop peu, au vrai mérite, M. Pasteur est mort commandeur ou grand croix de la Légion d'honneur, alors que parmi les survivants de ses contradicteurs, ni vous Monsieur, ni M. Trécul, dont les travaux dépassent de cent coudées les travaux d'un Pasteur, vous n'êtes, ni l'un ni l'autre, simples chevaliers !

Comment se fait il enfin, que Dujardin, un travailleur isolé, ne fut jamais admis à l'Institut, quoi qu'il eut découvert , avant Mohl, le mouvement giratoire si important qui se manifeste aussi bien au sein des cellules végétales, que dans l'intérieur semi fluide des cellules alcooliques, que Mohl désigna sous le nom de *protoplasma*, lequel, il est vrai, prévalut sur celui de *sarcode*, imaginé par Dujardin, auquel le savant allemand enleva par le fait, une partie du mérite de sa découverte ! Cependant qui connaît aujourd'hui Dujardin ? !

Il est vrai que la coterie dominante de l'Institut est réfractaire aux découvertes, surtout à celles de leurs compatriotes qui tendent à renverser leurs idées préconçues, à moins pourtant qu'elles se recommandent d'un nom connu, que ce soit une personnalité anglaise, ou d'outre Rhin, peu importe. Par devant une personnalité étrangère on s'incline, aussi bien dans notre Académie de médecine, qu'à l'Institut ! (1)

Mais j'y pense, Monsieur ! Comment peut-il se faire, que le plus grand des savants, le maître de M. Duclaux — Pasteur en un mot, — auquel le monde des infiniment petits était si familier, n'ait pas choisi comme point topique de ses recherches, la solution d'un problème qui intéresse la science, au point, que l'Institut a affecté un prix de quatre mille francs pour le travail qui définirait nettement, les causes physiques et chimiques, déterminant *l'existence du pouvoir rotatoire dans les corps transparents,* autrement dit ; la

---

(1) C'est que rien ne lutte avec plus d'opiniâtreté contre l'intérêt public, que l'intérêt particulier. Rien ne résiste plus fortement à la raison que les abus invétérés. L'esprit des corps reste le même, tandis que tout change autour d'eux. (Diderot.)

nature précise du phénomène important que Dujardin et Mohl ont découvert, sur le *protoplasma* des cellules végétales et des cellules de la levure ? ?

Car encore une fois, si réellement le chef de l'école bactériologiste eut été doué de cette science infuse que lui attribuent ses adeptes, cette définition n'eut été pour lui qu'un jeu d'enfant ! Qu'en pense M. Duclaux ? Et pourquoi ce savant lui-même ne choisirait-il pas cette question topique, dans le but de la résoudre ? Dès l'instant qu'il est savant !

Ah ! c'est que l'on ne semble pas se douter à l'Institut de France, que la solution de ce problème entraîne des études autrement ardues et complexes, que celles qui ont absorbé pendant 40 années consécutives l'attention d'un Pasteur. Lequel, ainsi que je l'ai déjà fait remarquer, Monsieur ne savait pas *même que les ferments alcooliques,* c'est-à-dire les cellules d'une levure, non encore acétique, sont unicellulaires et non polycellulaires, ainsi que le fac similé de spores en chaînettes nous les représente (toujours d'après M. Pasteur,) comme étant le vrai type de la levure ! Et ceci figure dans tous les traités de chimie organique et notamment dans le Manuel de M. Troost de l'Institut ; aussi incroyable que cela paraisse.... cela est ! et peut être considéré (ainsi que je l'ai déja fait remarquer) comme une preuve indéniable du peu de valeur des soit disantes découvertes de votre adversaire !

De là les effets désastreux provenant d'erreurs, dont j'espère avoir défini les causes à votre entière satisfaction. De là l'introduction des moyens homicides et l'empoisonnement général des sociétés modernes !

Et ces méfaits, qui s'accomplissent en raison de la théorie du laissez faire ! qui dépassent les confins d'une licence criminelle, loin d'être dénoncés par les praticiens de la nouvelle école, comme de véritables attentats contre la vie des citoyens, ces déconvenues, sont passées sous silence, en raison d'un principe singulier, d'un esprit professionnel de mauvais aloi, qui lie entre eux, tous les membres du corps médical moderne et peut-être même aussi, en raison de ce sentiment égoïste que certains réalistes désignent sous cet aphorisme — le *je m'enfoutisme* — fin de siècle ! Etat psychologique qui caractérise assez bien les classes dirigeantes, *sans entrailles*, que leur singulière éducation, rend à peu d'exception près, tout à fait indifférentes aux malheurs publics et notamment au fléau toujours croissant de la mortalité des enfants, depuis l'abandon de l'ancienne médecine et l'introduction de spécifiques, comme par exemple l'huile de foie de morue, qu'on administre avec si peu de discernement, sans rime et sans raison, alors que l'huile en général est un antiferment de premier ordre et ne peut qu'enrayer le processus important de la digestion. C'est-à-dire, nuire !

C'est ainsi que la plus coupable tolérance, autorise le premier praticien venu à expérimenter sur l'homme, c'est ainsi que récemment, les injections pratiquées sur une enfant ayant entraîné la mort, furent déclarées inoffensives par le médecin légiste auquel l'autorité eut la naïveté de faire examiner le cas ! De sorte que si la vie peut-être comparée à un combat perpétuel, on peut affirmer, que ceux de nous qui tombent sur le champ de bataille, sont achevés par ceux là mêmes, qui auraient le devoir sacré de les sauver ! C'est ainsi que les membres dominants de l'Académie, dont vous faites partie Monsieur, qui devraient être les arbitres de la santé publique, laissent faire ! C'est ainsi que si l'un injecte, un autre antiseptise, un troisième empoisonne, cela leur est tout-à-fait in-dif-fé-rent !

Par contre, dans des circonstances graves, comme celles qui signalèrent cette malheureuse aventure de Madagascar, dont tout le monde semble avoir pris son parti, (je parle bien entendu de ceux qui n'ont perdu ni frère, ni fils, ni fiancé), dont les effets désastreux ne peuvent être en grande partie attribués qu'à la décision imbécile d'un conseil de santé décrétant la *quinine*, comme la prophylaxie la plus efficace contre la fièvre paludéenne ; pendant ces crises dis-je, ou l'angoisse étreint tous les cœurs, aussi bronzés soient-ils, on se bat vainement les *flancs* au sein de cette Académie de Médecine, actuellement tombée si bas, pour chercher à combattre le mal sans y parvenir, alors qu'il serait pourtant si facile de l'enrayer, si l'on y connaissait la véritable physiologie, c'est-à-dire la véritable nature des combinaisons chimiques qui se passent en nous à tout instant, sans la connaissance exacte desquelles aucune médecine n'est possible !

Voici du reste une image fidèle de ce qui se passe au cours des séances auxquelles vous, Monsieur, n'assistez plus depuis longtemps, où l'on délibère, après avoir discuté des questions d'un intérêt si capital, au point de vue de la santé publique ! Cela donnera la mesure de la capacité des lumières académiques, qui pontifient dans le sanctuaire même de la science moderne, en se rendant compte des moyens que certains d'entre eux proposent pour combattre, par exemple, un fléau aussi navrant que celui dont je parle ; la mortalité constatée sur les soldats composant les troupes qu'on a envoyées à Madagascar, qu'on avait imaginé, je le répète, de prémunir contre la fièvre, en les bourrant de quinine ? Voici donc quelques lignes extraites du compte rendu d'un journal que j'ai sous les yeux.

« La question des fièvres paludéennes dit le rédacteur » de l'article, est intimement liée à la question de Ma- » dagascar. Ces terribles ennemies de nos petits soldats, » beaucoup plus redoutables que leurs adversaires, sont » l'objet d'une préoccupation constante.

» Mardi à l'Académie de Médecine on a écouté avec » un grand intérêt, une communication de M. Henriot » de Reims, intitulée : Prophylaxie des accidents palu- » déens, au cours de laquelle ce praticien déclare qu'il » est facile de se protéger par voie digestive.

» Pour empêcher l'infection par voie respiratoire M. » Henriot propose de munir chaque soldat.... d'un res-

» pirateur en aluminium ?? Comportant une couche de » coton antiseptisée. »

Or, de deux choses l'une, si M. Henriot admet qu'il est facile de se prémunir par voie digestive, sans doute au moyen de la quinine, ce spécifique, préserve ceux qui en font usage, ou, il ne les préserve pas du tout de la fièvre ! dans les deux cas l'utilité du masque devient donc problématique ! Car la fièvre paludéenne n'aurait qu'une cause unique, d'après les belles théories de M. Pasteur et celle-ci ne serait autre ; que l'introduction dans le corps des animaux, d'œufs ou d'ovules d'infusoires, seule et unique origine des *Bactéries* et des *Vibrions,* dont les uns seraient anodins et les autres terribles, toujours d'après M. Pasteur.

Toutefois, en admettant même que les poussières aériennes soient nuisibles, la proposition de M. Henriot dénote une ignorance déplorable au point de vue de la véritable nature de l'air que nous respirons, lequel est absolument infiltrable au moyen de la pression atmosphérique naturelle. Car chacun sait en micrographie, que, les champignons aériens surtout, ont seulement, de 1 à 5 millièmes de millimètres et moins encore ! De sorte qu'il est indispensable, pour produire de l'air réellement pur, d'employer une assez forte pression pour forcer l'air impur de passer au travers d'une couche de coton comprimé. C'est aussi ce qui se pratique au cours de la culture des levures pures, où l'on se propose d'obtenir des colonies de cellules issues d'une cellule mère unique, alors qu'avec les procédés imaginés par M. Pasteur, on n'est jamais arrivé à rien, pour des raisons qu'il serait trop long de développer ici. De sorte que chaque homme ou soldat, masqué, aurait dû être mis sous pression, pour que le but que M. Henriot se proposait d'atteindre, le soit en réalité ! Il en est de même pour les prétendus *germes*, c'est-à-dire plus correctement, les œufs minuscules des *Microzoaires*, aux quels nos modernes savants attribuent si bénévolement la cause de toutes ces maladies, toujours d'après les *immortels* travaux du plus grand des génies que la terre ait produit, microbes, qu'il est impossible de séparer de l'air, autrement que par un filtrage, d'air comprimé.

Cependant la murographie atmosphérique est complète et permet de distinguer nettement au microscope, *ce qui est spore de ce qui est œuf!* notamment les Protococcus et les Palmellées par exemple, dont la structure est facilement reconnaissable et distinguable des rares ovules d'infusoires que l'air transporte, avec les poussières atmosphériques.

De sorte qu'il n'est pas possible d'attribuer l'apparition des diarrhées, des dysenteries, du choléra, des fièvres diverses et dengue, etc., à l'abondance plus ou moins grande de ces ovules dans la poussière, entraînant la prédominence de ces maladies !

C'est aussi ce que j'ai voulu faire remarquer dans un mémoire manuscrit, que j'avais joint à deux exemplaires de mon livre sur la vie, adressés avant cette séance, à Messieurs vos collègues, au cours duquel mémoire, je m'efforçais de faire comprendre que la fièvre en général et la fièvre intermittente en particulier, pouvaient être attribuées à une cause unique : La raréfaction du liquide lymphatique, sous-cutané à réaction acétique, qui n'est pas du tout du sang blanc ou rudimentaire, comme on le prétend en physiologie. Car il est la base du *sérum*, principe qui ne se combine pas intimement avec le plasma sanguin, dont il est simplement chargé de modérer le processus fermentescible au moyen d'une oxygénation constante, capable de dissoudre les globules sanguins ou réserves vitales, base du plasma fermentescible saturé de bile, ou ferment alcalin (amorphe) par excellence. Processus de fermentation, déterminé par l'ingérence des ferments aériens dans la bile, au cours duquel il se produit de l'alcool, destiné à réagir à son tour sur le liquide lymphatique, à l'alcooliser, ce qui contribue ainsi à rendre la lymphe plus oxydable, ou plus capable de s'assimiler le principe acétique ou acide faible, caractérisant l'oxygène !

Or, comme la faculté absorbante qui caractérise aussi l'atmosphère, chargée de nous enlever l'excédent d'acidité que nous expulsons avec le gaz carbonique, après la transformation de l'air respirable, non pas en azote, mais en gaz acide carbonique (d'où j'ai conclu que l'azote est simplement du gaz respirable, passé à l'état de gaz irrespirable privé d'oxygène, qui passe ensuite de l'état acétique faible à l'état acide fort ou carbonique) comme la faculté absorbante de l'atmosphère des pays tempérés, dis-je, est encore plus considérable sous les tropiques et sous l'équateur, la lymphe des Européens, non acclimatés, se vaporise avec d'autant plus d'intensité, qu'elle est plus affaiblie par une transpiration anormale ! Processus qui constitue à lui seul la preuve la plus évidente de la fermentation lymphatique, à réaction alcaline, acétique ! Mais comme cette absorption constante détermine une soif ardente et que l'eau assimilée, ne fait qu'affaiblir la lymphe, je proposais une lymphe artificielle destinée à compenser en partie, la vaporisation trop considérable du liquide lymphatique de nos petits soldats, qui eut en même temps contribué à modérer la fermentation tumultueuse ascendante et finalement décadente de leur sang, c'est-à-dire la fièvre !

Mais comme cette théorie est à cent lieues de la physiologie de Claude Bernard et des théories régnantes, elle n'a pas été comprise par vos omnipotents collègues, qu'elle a peut-être même fait rire, ce qui ne m'étonnerait pas le moins du monde ! Car ces Messieurs devaient être en communion d'idées avec M. Henriot de Reims, lequel était d'avis que nos pauvres soldats prissent le masque dans les passages dangereux ou malsains, pendant certaines heures de la journée.

Voilà où en sont arrivés les savants et le progrès de la science moderne, après les découvertes de M. Pasteur, lequel, en sa qualité de physiologiste et de chimiste, néglige si radicalement de s'occuper de l'influence constante que l'atmosphère ambiante exerce sur l'économie humaine. En même temps qu'il affirme cette ineptie, que, soit les ferments aériens, soit les ovules que contiennent les poussières atmosphériques, sont nuisibles, alors qu'un autre savant affirme de son côté, je le répète, que les mêmes poussières sont seules capables d'engendrer la vie! Enfin, chose singulière! ces deux théories sont acceptées en science! ainsi que je l'ai déjà fait observer plusieurs fois.

Et l'on viendra dire, en présence de pareilles élucubrations et de semblables contradictions que cette science-là, n'a pas fait faillite entre de pareilles mains ?? Allons donc! Il s'est pourtant trouvé un médecin militaire parmi les membres qui assistaient à cette séance, M. Lanevan, qui eut le bon sens de faire remarquer à — *l'illustre assemblée?* — que le masque prophylactique — stérilisé — finirait par devenir intolérable sous cette latitude; et cette fumisterie, comme tout ce qui sortit du cerveau en jachères de M. Pasteur, fut laissée pour compte, à son auteur.

Heureusement pour nos petits soldats! car ce masque, qui eût transformé nos pioupious en chevaliers errants, eût probablement fait rire les nègres que nous allons civiliser à coup de fusil, alors que nos émules d'outre-Manche, les civilisent à coup de mitrailleuse! Il aurait eu surtout le grand inconvénient de les priver de ces mêmes poussières atmosphériques, dont je viens de parler, qui ont ce singulier privilège, d'engendrer la vie et par conséquent de l'entretenir, d'après Tyndall d'un côté! tandis que, d'un autre côté, selon Pasteur et selon tous les savants qui écoutaient de semblables communications (bêtes à faire pleurer) avec tant d'intérêt, elles auraient le prétendu pouvoir d'engendrer, non seulement la fièvre paludéenne, mais encore toutes les maladies possibles et imaginables, ainsi que l'illustre farceur est parvenu à le faire croire au monde entier!

J'ai toujours pensé, Monsieur, qu'après être parvenu à faire museler tous les chiens, Pasteur ou ses émules, finiraient par faire porter des filtres-*muselières*, aux hommes et, je ne me suis pas trompé, vous le voyez ; puisqu'il s'est *trouvé parmi* vos *collègues*, *un savant*, assez *naïf* pour prendre la chose à cœur et la proposer. Cependant si l'on réfléchit, que cette proposition faite au mois de septembre, si elle eût été adoptée, (ce qui ne m'aurait pas surpris outre mesure) eût exigé plusieurs mois pour être mise à exécution et que les masques seraient arrivés comme la moutarde après dîner, il est permis de supposer, qu'il s'agissait simplement d'écouler un petit stock de ces masques. Ce qui confirmerait cette idée, c'est, que quelque temps après cette mémorable séance, un spécimen de ces *respirateurs ?* figurait comme objet utile, dans la salle d'exposition récemment créée par l'un de nos journaux les plus répandus ! Au surplus vous savez que, même à l'Académie, on est dans les affaires.

Quoi qu'il en soit, si les discussions de l'Académie de médécine se maintiennent constamment au niveau de celle que le journal en question rapporte, *sérieusement*, sans rire, alors que la même Académie repousse toutes les communications qui ne sont pas conformes aux idées régnantes, d'où qu'elles viennent ! qu'y a-t-il d'étonnant que le Conseil municipal de Paris, effrayé de la mortalité croissante qui sévit parmi les enfants (surtout parmi ceux de la ville où les théories de M. Pasteur sont le plus accréditées) fasse un appel désespéré aux connaissances de praticiens autres, que la coterie, dominante d'une assemblée, dont les Brouardel et les Cornil, sont les dictateurs ! D'un corps savant autrefois éclectique au point, que l'un de ses membres les plus éminents admettait, qu'il serait illogique, sous prétexte de science, de repousser de la pratique, certains remèdes, dits de bonne femme, consacrés par l'usage et par des effets appréciables ! Il est vrai que cela se passait avant 1870, lorsque de véritables savants, comme vous

Monsieur, honoraient de leur présence ce corps, autrefois si digne aussi, parmi lequel on n'eût pas trouvé un un seul membre, capable de se prêter à la comédie de Bournemouth !

Aussi quel affront plus sanglant pourrait atteindre, ceux qui dominent dans ce sanctuaire, que cet appel de nos édiles aux connaissances de médecins libres, sur lesquels ne pèse pas la lourde responsabilité de ceux qui devraient guider et conseiller l'Etat, par la simple raison qu'ils sont les arbitres, les gardiens autorisés, uniques, de la vie et de la santé des citoyens ! Cependant je doute que le vote du Conseil municipal atteigne à la hauteur où ils planent, les membres de ce corps savant, qui vous mirent à l'index Monsieur, auquel vous me dissuadiez jadis de communiquer mes travaux et mes découvertes, en m'assurant que le tout irait au panier ! Fait dont je doutais alors, mais dont plus tard j'ai reconnu l'exactitude ! Car le même ortracisme qui caractérise les membres *satisfaits* de l'Institut, caractérise aussi ceux, non moins satisfaits, de l'Académie de médecine, assemblée où — la *conspiration du silence* — est également à l'ordre du jour !

Il était donc de la plus haute importance de mettre au grand jour, qu'il est impossible (contre l'opinion que soutient M. Arloing), d'obtenir des résultats considérables en donnant aux savants les moyens de multiplier leurs recherches, précisément parce que — dit ce bactériologiste — vingt années d'efforts parsemés d'insuccès et de *silencieuses déconvenues*, n'ont pas et ne peuvent pas conduire à la guérison qu'il avoue n'être que — *quasi certaine* — de la diphtérie, au moyen de la *sérothérapie*, résultats dont je doute, ainsi que je puis en fournir des preuves ! Car il est certain que le sérum des chevaux vaccinés à Garches, je le rappelle — peut parfaitement contenir aussi — les germes — de maladies, spéciales à ces animaux, dès l'instant qu'on opère sur des sujets vivants, offrant toutes les apparences d'une santé florissante, de même que les génisses, sur lesquelles on prélève le vaccin, peuvent très bien avoir le *germe* de la tuberculose et l'ont en effet !

Or, savez-vous Monsieur, ce que ces *silencieuses déconvenues* coûtent à la France depuis les vingt années d'efforts, tentés pour trouver l'impossible ? Un milliard par an et 825.000 personnes de tout âge, parmi lesquelles 125 à 150 mille environ meurent de la phtisie, dans la force de l'âge ! Et tout cela pour empêcher à la petite vérole de sévir (1) ! Maladie qu'il est si facile d'eviter et de rendre anodine, qu'on transforme en fièvre typhoïde, en éruption de clous, etc., parce que le sang des générations modernes, vaccinées, revaccinées, n'a plus l'énergie d'expulser les ferments putrides qui le saturent, dont l'origine unique est à recnercher dans les sucs putrides des matières non assimilables, qui s'accumulent dans les intestins ! Mais allez donc faire comprendre cela aux faux savants modernes, qui depuis vingt années consécutives expérimentent directement sur les hommes, les empoisonnent et n'obtiennent que de *silencieuses déconvenues*, de même que leur chef de file eût de si retentissantes déconvenues avec son vaccin de la rage !

Au demeurant, voici la situation singulière qui est faite au chercheur isolé qui a trouvé, non sans peine, à trancher le nœud gordien et voici les objections contre lesquelles il se heurte, lorsque par hasard l'un ou l'autre de nos immortels condescend à l'écouter :

« Je ne puis me prononcer sur la valeur réelle de vos » travaux et de vos découvertes, que je considère » comme purement spéculatives, en raison du peu d'a- » vancement qu'ont subi les sciences naturelles, répond » un naturaliste, qui ne s'est jamais occupé quede cryp-

(1) Quelques laxatifs et même des purgatifs, administrés pendant toute la durée de l'éruption, suffisent pour atténuer les effets de ce mal, lequel, traité de la sorte, ne laisse pas plus de vestiges sur l'épiderme, que les furoncles et autres pustules dont l'origine est la même.

» togamie et qui ne se doute pas le moins du monde du
» rôle que les ferments aériens remplissent à l'égard de
» la vie ! Alors si vous faites observer à ce *spécialiste,*
» (qui observe pendant quarante années, les champi-
» gnons ou les algues), que M Pasteur (auquel il doit
» sa sinécure et son siège à l'Institut) a eu précisément
» la prétention de jeter les premières bases de la chi-
» mie organique, au moyen de théories absolument con-
» traires à la pratique, ce savant, qui au fond se soucie
» peu que les sciences naturelles avancent ou n'avan-
» cent pas et se soucie encore moins de se mettre
» une partie de ses savants collègues à dos, répondra
» évasivement. Hum ! j'admets que M. Pasteur se soit
» trompé sur quelques points, mais il n'en est pas
» moins un des grands initiateurs de l'humanité, etc. »

« Comment ? répond un savant qui s'occupe plus spécialement de chimie organique, à raison de 2.000 francs par mois, quoiqu'il n'ait de sa vie étudié les fermentations que dans le laboratoire de Pasteur, auquel il doit le fromage de Hollande, au sein duquel il se repose, qui le nourrit si libéralement, sans que ce professeur éprouve, non plus, la moindre velléité de donner un croc en jambes aux singulières théories qu'il professe et sur lesquelles reposent ses propres œuvres, comment?
» vous osez réfuter Pasteur et même Lavoisier ! Quelle
» présomption ! »

Et si vous répliquez : Mais, Monsieur, puisque tout le monde est d'accord pour reconnaître que les sciences naturelles, dont la fermentation à air libre ou aérobie et non la fermentation anaérobie à vase clos, sans oxigénation préalable... Ta ! ta ! ta ! interrompt l'immortel, en vous refoulant poliment vers la porte : « Il est
» possible que Pasteur se soit trompé sur quelques
» points insignifiants de la chimie organique ! mais il
» n'en est pas moins, le plus grand initiateur de l'hu-
» manité, etc , etc. »

Cette phrase stéréotypée sur toutes les lèvres, immortelles, depuis 25 ans, que cela dure, est, vous le savez,

Monsieur, l'éteignoir banal qui sert à dissimuler toutes les erreurs et les inepties officiellement enseignées, qu'on inculque aux cours supérieurs, à nos futurs médecins, à nos modernes physiologistes ! Qu'y a-t-il d'étonnant alors que la chimie organique, atomistique, éminemment organisatrice, si étroitement liée à la physiologie, soit un, *Mythe*, pour les jeunes gens et que leur science égale celle d'un Pasteur et de ses disciples, dont l'ignorance en chimie organique et surtout en physiologie est si grande ! Quant à faire revenir une sommité médicale sur l'espèce de fétichisme qu'on professe pour la physiologie, pourtant si incomplète de Claude Bernard (lequel a été certainement dévancé par Haller et par Diderot, dans beaucoup de ses idées), quoique ses découvertes soient plus sérieuses que celles de Pasteur, autant essayer de renverser le haut sommet d'où l'esprit du Maître domine le pays environnant, etc !

Et cependant ces deux savants, dont l'un est l'introducteur de l'antiseptie qui tue, et l'autre celui de la toxicologie expérimentale qui fait mourir lentement, ces deux *génies ?* comme le dit M. Brunetière avec raison, (dont le nom prononcé avec tant d'emphase est dans toutes les bouches), qu'ont-ils prouvé ? Qu'ont-ils fondé ? pour mériter ce beau nom de bienfaiteurs du genre humain ? Rien ! Au contraire ! ils ont détruit le bien qui existait, pour introduire le mal, au nom de cette fausse science qui a déjà fait tant de victimes !

. . . .

Permettez-moi, Monsieur, de terminer cette critique, par une anecdote qui donnera la note finale exacte de la comédie qui se joue au cours des séances académiques, auxquelles vous n'assistez plus, pendant lesquelles vos omnipotents collègues écoutent avec tant d'intérêt, les plus sottes communications, pourvu qu'elles soient conformes aux théories régnantes.

« Un explorateur, de retour d'une excursion lointaine aux rives du Tanganika, au pays noir, en causant avec un homme d'état de son pays, des incidents qui l'avaient frappés le plus, pendant le cours de ses périgrinations au milieu des populations primitives de l'Afrique sous équatoriale, qu'il s'était donné pour mission d'explorer, vint à parler d'une coutume bizarre, en raison de laquelle les faiseurs de pluie, d'une de ces sociétés rudimentaires, appelés à émettre un avis sur les mesures à prendre contre une épidémie qui menaçait de se propager dans le pays, s'introduisirent grâvement dans d'immenses cruches en grès rangées en rond, lesquelles avaient ceci de particulier, que seule la tête crépue des augures africains émergeait de ces singuliers sièges académiques !

Très original ! répartit l'homme d'état en souriant, mais vous ne dites pas ce qui résulta de ces palabres scientifiques. Hum Excellence !? Alors ? ajouta le personnage en question, c'est, absolument comme chez nous !.... avec cette différence, que dans notre pays, soit disant civilisé, ce sont les cruches elles mêmes qui délibèrent !

Il va sans dire que cela se passait dans un autre pays que le nôtre. Car aucun de nos hommes politiques n'oserait émettre une pareille opinion à l'égard de nos savants praticiens et surtout à l'égard de ceux composant ce corps illustre, qui, selon l'expression de M. L. Lacaze, avaient jadis acquis par leurs travaux, l'estime et le respect dont ils jouissaient dans le monde entier. Sentiments qui me paraissent à l'heure qu'il est, tant soit peu menacés et ceci par le fait de M. Pasteur !

Veuillez agréer, Monsieur, et très honoré compatriote, l'assurance de ma haute considération et de ma profonde estime.

Ch. Dürr.

LE VACCIN DE LA RAGE

ET

LA SÉROTHÉRAPIE

DEVANT LE TRIBUNAL DE L'OPINION PUBLIQUE

Dans mon livre sur la vie, j'ai rapporté ce que M. le docteur Pigeon, ancien médecin des usines de Fourchambault, dit et pense de la vaccination et de la revaccination, auxquelles on doit, non pas, l'extinction complète des épidémies de variole, puisqu'il s'en présente encore des cas fréquents, (1) mais d'où résulte au contraire l'affaiblissement progressif, l'abaissement du niveau de la résistance vitale de nos jeunes générations, dont les parents, vaccinés, revaccinés, antiseptisés, intoxiqués, échauffés au moyen des spécifiques infects, nuisibles, qui se vendent librement, sans contrôle sur la foi de prospectus mensongers, ne reproduisent plus que des rachitiques, des phtisiques, depuis que le vertige microbien à contribué à fermer les intelligences aux raisonnements du plus simple bon sens !

Voyons maintenant ce que MM. Raspail disent et pensent du vaccin de la rage, dans leur manuel pour 1887, enseignements dont les classes dirigeantes ne se sont jamais préoccupées, mais dont les prophéties se sont réalisées de point en point. « Nous avons étudié disent » ces savants, la valeur des vaccinations rabiques et » présenté les étonnants résultats qu'elles ont données

---

(1) Selon le rapport de la Commission de prévoyance, il meurt encore 6.000 personnes de la variole en France chaque année !

» depuis leur application. Jadis il mourait en moyenne » 26 personnes par an de la rage, avec la méthode de » Pasteur il en est mort 40 en 1886, du moins c'est » le chiffre obtenu, malgré le silence qu'on s'est efforcé » de faire sur ce détestable système, etc.

» Or en pratiquant les premières inoculations pré» ventives, M Pasteur ne faisait qu'entrer dans le vaste » champ de l'expérimentation, laquelle ne tarda pas à » le conduire à des *déboires, étouffés il est vrai*, par les » éloges les plus enthousiastes de la presse bien *pen-» sante ou intéressée !*

» Les quelques hommes qui eurent le courage de » dire la vérité, preuves en mains, furent considérés » comme de vils insulteurs de *l'incommensurable sa-» vant*. Et cependant, force fut à M. Pasteur de recon» naitre que sa méthode appliquée le lendemain même » de la morsure reçue, n'empêchait pas de succomber » à la rage, les malheureux qui avaient eu recours à » l'inoculation préventive.

» Il fit alors annoncer qu'il allait modifier son système » et le rendre cette fois, infaillible !

» Mais n'est-ce pas avouer s'être trompé la première » fois ? Il n'en fallait pas tant pour faire basculer du » tremplin charlatanesque le docteur Ferran.

» M. Pasteur était assuré contre cet accident ! Au » contraire les coups de grosse caisse redoublèrent en » son honneur, les éloges les plus dithyrambiques lui » furent prodigués à haute dose et ainsi soutenu, M. Pas» teur mit en pratique sa nouvelle conception, la mé» thode intensive.

» La première n'était pas assez forte pour empêcher » les mordus de succomber à la rage, la seconde eût » pour résultat de les faire mourir plus rapidement, » mais d'une nouvelle maladie, la rage paralytique, en » un mot la rage du lapin communiquée par l'inocula» tion elle-même ! (1)

---

(1) (*Silencieuses déconvenues !*)

» Ainsi sont morts Rouiller, Létang, Réveillac, Née,
» Amédée Gérard, Goriot, etc.

» Devant ces résultats désastreux que les débats soulevés à l'Académie de Médecine par le professeur Péter ne permettaient plus de tenir sous silence, M. Pasteur fit annoncer qu'on n'appliquerait plus la méthode intensive, qui venait en quelques mois de se montrer si meurtrière !

» Pour la seconde fois il s'était trompé ! Pour la deuxième fois il avait fait sur l'homme lui-même des expériences malheureuses, etc. » . . . .

Il est curieux de rapprocher de ces faits, qui sont de notoriété publique, la monographie de M. Duclaux publiée dans la *Revue de Paris*, au cours de laquelle l'ancien préparateur du sinistre charlatan (dont le professeur Péter, le seul honnête homme qui ait osé élever, en pleine Académie, la voix contre ces homicides, niait les découvertes), s'évertue à faire prendre le change aux lecteurs de cette Revue au moyen d'une logomachie emphatique qu'il dénomme — *synthèse* — dont voici la péroraison ! « Il n'y a pas d'autre exemple dans la science, d'un savant qui ait vu autant s'étendre et se féconder, le domaine qu'il avait conquis ! Peut-être Lavoisier dont le nom vient tout naturellement à l'esprit, quand on parle de Pasteur, eût-il eu la joie de se voir si *grand*, s'il avait pu arriver à la fin de sa carrière. La seule image adéquate, est celle d'un Napoléon, mourant triomphant au milieu d'une Europe pacifiée. Encore cette vision, si grandiose qu'elle soit est-elle incomplète.

» Pasteur a conquis le monde et sa gloire n'a pas coûté une larme ! »

On ne ment pas plus effrontément ! Il est vrai qu'à cet immortel (en sa qualité d'ancien préparateur du Lavoisier moderne), incombe une certaine part de responsabilité dans la perpétration de ces expérimentations criminelles et je comprends, jusqu'à un certain point, que M. Duclaux défende sa triste cause. M. de

Backer lui, était plus franc, lorsqu'il dénonçait l'antiseptie introduite par M. Pasteur, à la vindicte publique, en couvrant toutefois son vénéré — Maître — des mêmes fleurs de rhétorique, auxquelles le public dupé et content de l'être, se laisse toujours prendre. Il est vrai qu'en France on a la foi robuste ! Car si le docteur Ferran a été traité comme il le méritait, en Espagne, le non moins fameux Koch, après le fiasco de sa lymphe, continue à vivre, méprisé du public allemand, surtout, après son divorce et son mariage bizarre ! Pourquoi cela ?

Parce qu'il ne s'est trouvé, ni en Espagne, ni en Allemagne, un journal assez malhonnête, assez corrompu, pour soutenir le mensonge et l'imposture, à l'exemple des misérables, qui le lendemain même des accidents dénoncés par le professeur Péter en pleine Académie de médecine, couvrirent l'auteur de ces manœuvres, de louanges, et comme le disent MM. Raspail, conspuèrent ses courageux accusateurs, comme de vils détracteurs ! (1) De sorte que les clients continuèrent à affluer à l'Institut Pasteur, d'où les mécomptes journaliers ne parvinrent pas à éloigner les malheureux, qui, encou-

---

(1) Il est bon de rappeler ici, que le gouvernement, ayant refusé jadis les subsides que M. Pasteur lui réclamait pour fonder son Institut, ce savant s'adressa à la Presse. L'édification de l'infecte officine, est donc l'œuvre exclusive des journaux qui se chargèrent de réunir les fonds.

Or, lorsque M. Pasteur envoya plus tard un de ses accolytes à Berlin pour y étudier les procédés employés pour combattre cette maladie, son émissaire revint bredouille !

Il apprit à sa grande surprise, qu'aucun cas de rage n'avait jamais été constaté sur l'homme, dans toute la Confédération germanique. Il va s'en dire que ce fait fut passé sous silence. Je tiens ce détail de M. Karras, directeur de la grande brasserie de Pignoux, près Bourges, qui le lisait, recemment encore, dans un journal du Palatinat.

Les praticiens qui mettraient ce fait en doute pourraient, si cela les intéressait, s'adresser à M. le professeur Schvéninger, de Berlin, qui ne pourrait que confirmer la chose.

ragés par les journaux intéressés, bien pensants ou bien payés, n'en moururent pas moins de la rage. Je n'en veux pour preuve, que les malheureux Russes qui succombèrent après un traitement suivi, lequel n'aboutit à rien, comme bien l'on pense !

Au surplus, malgré les précautions prises (à Paris surtout, ville où les chiens sont si rigoureusement tenus en laisse, ou muselés) chaque année voit se produire encore de nouveaux accidents, qui sont naturellement aussi, très soigneusement dissimulés, mais dont quelques-uns transpirent et sont quelquefois révélés au public par des journaux honnêtes, impartiaux, indépendants, lorsque ces faits se reproduisent Il suffirait donc de faire une enquête sérieuse, pour que la lumière s'étale au grand jour, et que justice soit faite, une fois pour toutes, lorsque des preuves flagrantes feront connaître la vérité entière ! Voici par exemple un trait abominable, que je soumets aux méditations des honnêtes gens, que le hasard me fit découvrir et dont chacun peut vérifier l'exactitude.

En septembre dernier je causais avec M. Bataille, charcutier, rue Rambuteau 63, à Paris, de M Pasteur et de ses prétendues découvertes, à l'occasion d'un accident qui venait d'émouvoir le quartier arrivé à un enfant, qu'un gros chien, auquel le bambin eut la fantaisie d'arracher l'os qu'il rongeait, avait mordu assez gravement ! De là un rassemblement devant la porte de la pharmacie voisine. Mais comme parmi la foule, quelques personnes insistaient pour que l'enfant fut immédiatement transporté à l'Institut Pasteur, M Bataille s'y opposa de toutes ses forces, et, heureusement pour l'enfant, son opinion prévalut

» Imaginez-vous, me dit M. Bataille, qu'il y a cinq ou six ans de cela (je ne me rappelle plus au juste la date précise), que le beau-frère de M. Dusautoy (dont vous voyez d'ici le magasin, mais qui a cédé son fond de charcuterie), avait entrepris de tondre son chien, lorsque l'opérateur, par mégarde, blessa l'animal en rasant de trop près une excroissance de chair, que la bête avait au cou. Au même instant le chien blessé, se retourne et mord l'opérateur à la main ! Celui-ci se rendit alors, comme vous pensez, à l'Institut Pasteur, où il fut soumis pendant dix-neuf jours au traitement, soi-disant prophylactique ou curatif, antirabique !

» Le 20e jour le patient rentra chez lui, rassuré, avec d'autant plus de conviction, que le chien n'était pas enragé ; lorsque, 3 ou 4 jours après, il se rendit au marché de la Villette pour acheter des porcs.

» Mais à peine y fut-il arrivé, que, saisi d'un mal étrange, qui le terrifia, le vacciné rentra chez lui, où, sollicité de retourner à l'Institut Pasteur, il s'y rendit en effet, subit de nouvelles inoculations et fut définitivement renvoyé avec l'assurance qu'on lui donna, qu'il était hors de danger ?!

» Trois ou quatre jours après, deux agents se présentèrent chez lui : en lui disant qu'ils avaient ordre de le conduire à la Salpêtrière, lui conseillèrent de faire son testament, en lui disant que la rage était déclarée et l'emmenèrent ! Depuis ce temps, conclut M. Bataille, on ne l'a jamais revu ! Un frisson me parcourut jusqu'aux moëlles !

Cela ne peut pas être ! dis-je, à mon interlocuteur ! Comment ?! des oubliettes en plein XIXe siècle ! ce n'est pas possible ! Sur ces entrefaites, Mme Bataille s'étant approchée, me confirma le récit de son mari..... C'est ainsi qu'ont dû disparaître, *Rouiller, Létang, Réveillac, Née, Amédée Gérard, Goriot* et tant d'autres, dont les noms seraient faciles à retrouver, si l'autorité voulait s'en donner la peine ; malheureux auxquels on a inoculé la rage, grâce à la presse bien pensante, chargée d'éclairer l'opinion publique !

Il faut avouer que le Napoléon de M. Duclaux n'y allait pas de main morte, lorsqu'il se permettait de vaticiner, sans compter les 825,000 personnes, femmes, enfants, hommes à la force de l'âge que la phtisie, la diphtérie, le typhus emmènent chaque année — depuis que l'enseignement de la médecine ancienne a dû céder la place aux belles découvertes de M. Pasteur et au nouvel enseignement, conforme, aux nouveaux programmes, sur lesquelles, au moins 200,000, meurent empoisonnées, intoxiquées ou antiseptisées !

Voici maintenant un autre fait que je soumets à la méditation de la Rédaction du *Figaro*, la feuille d'élection, qui s'est chargée de lancer l'affaire de Garches ; opération lucrative qui a dépassé toutes les prévisions, ainsi que je l'examinerai plus loin.

Donc, vers le milieu du mois d'octobre dernier, me conta plus tard M. Bataille, M. et Mme Marre, de bons amis, habitant Châtillon-sous-Bagneux, près Fontenay-aux-Roses, invités à la noce de Mlle Bataille eurent le malheur de perdre une fillette de 5 ans dans les conditions que voici :

La petite prise de malaise quelques jours avant le mariage, tomba sérieusement malade, et le médecin appelé en consultation, déclara que c'était le croup ! A cette nouvelle terrifiante un père, une mère, comprendront l'affolement des parents de la petite fille !

Deux sommités de Paris furent immédiatement appelées en consultation et on injecta le fameux *sérum*. Après quoi les trois praticiens déclarèrent à l'unanimité que la petite était hors de danger et engagèrent les parents à se rendre tranquillement à la noce de Mlle Bataille, fixée au 20 octobre.

Tranquillisés sur le sort de l'enfant, le père et la mère assistèrent donc à la cérémonie et au dîner. Le lendemain la petite expirait entre les bras de sa mère ! Celle-ci ne pouvant se pardonner d'avoir laissé son enfant au dernier moment, est devenue presque folle, après la catastrophe et n'ajoute plus aucune foi aux assertions des hommes de l'art qui l'ont si cruellement trompée ! Ceux-ci pour se justifier, en partie, soutinrent que la malade avait succombé non au croup, mais à la diarrhée ! Le cas est inscrit à la mairie sous la rubrique, dipthérie ! Je rappelle ici ce que j'ai déjà fait observer plus haut, que le sérum des chevaux peut très bien contenir les germes de la gastro-entérite, maladie spéciale à ces solipèdes, car les *fumistes* de Garches opèrent, je le répète, sur des animaux vivants, qui peuvent, j'insiste sur ce point, avoir toutes les apparences de la santé, ce qui ne les empêcherait pas de *couver* une maladie, comme par exemple la morve, la tuberculose, etc., etc.! Quel est le praticien honnête et sincère qui soutiendrait le contraire?

A l'appui de cette thèse je citerai encore les faits suivants: Me trouvant à déjeûner chez un de mes vieux amis de Châlon-sur-Saône, le vénérable André Würgler (un disciple convaincu de Fourier, un homme de bien, dont la charité discrète, est inépuisable,) en compagnie d'un praticien de cette ville. La conversation tomba naturellement sur la valeur des cultures de Garches et j'appris de la bouche même du docteur, qu'à sa connaissance, quatre personnes du pays, atteintes de diphtérie, étaient mortes, en offrant des symptômes encore inobservés, dont l'étiologie ne pouvait être attribuée qu'à la nature du *sérum* sortant de Garches, qu'on avait injecté aux diphtériques de Châlon-sur-Saône.

Je suis absolument convaincu que, ni en Suisse, ni en Belgique, ni même en Russie et en Allemagne, de pareils faits ne sauraient se produire, sans éveiller l'attention du chef de l'Etat! Alors que nulle voix autorisée, pas même celle d'un médecin, témoin de pareilles indignités, ne s'élève pour protester contre des attentats qui se perpètrent depuis 25 ans en France, sous l'œil bienveillant des membres dominants de l'Académie de médecine, sous ce régime du — laissez faire — dont notre pays, livré aux fureurs des partis, donne le triste exemple au monde civilisé ! Oh ! mille fois mieux, un peu moins de liberté, que le despotisme effectif qu'exercent dans leur sphère d'action, les mille et les mille petits tyranneaux qui gouvernent au nom de la liberté et qui commettent impunément leurs abus de pouvoir, notamment dans les hôpitaux dont les pauvres gens de la classe laborieuse — qui n'ont que la *santé* pour bien unique — sont invariablement les victimes. C'est aussi sur des enfants, des femmes, des hommes du peuple, ainsi que sur les déclassés qui encombrent les hôpitaux, que l'on expérimente et que depuis bientôt 25 ans, que pour la première fois le père de l'antiseptie osa expérimenter ses poisons dans la clinique, on obtient ces *silencieuses déconvenues* auxquelles il serait temps, grand temps, de mettre fin !

C'est aussi en raison de ce sentiment qui gît au fond du cœur de tout homme sans conscience, et sans scrupules, comme il peut s'en trouver malheureusement parmi les internes de nos hôpitaux, que tout récemment encore un malheureux était jeté en plein hiver, nu, sur le pavé, à la porte de l'hôtel Dieu, cette œuvre édifiée au moyen de legs faits par des philantropes, au nom de cette charité, à laquelle ce professionnel, ce tyranneau de médiocre envergure, donnait un si regrettable croc en jambes ! Abus contre lequel les *Séverins* de la presse bien pensante se gardent bien de protester !

Cela leur paraît tout naturel, que le patrimoine des pauvres gens soit ainsi gouverné! Comme il leur semblera tout simple aussi, que sur l'ordre émané d'un Pasteur, deux agents, délégués par le pouvoir, aient le droit d'emmener un malheureux citoyen auquel cet audacieux avait inoculé la rage, et de le faire disparaître au nom de cette science maudite, qui sortit comme une Némésis, du cerveau en jachères du moderne Hippocrate !

Mais encore une fois, comment se fait-il que sous cette République oligarchique, de pareils abus de pouvoir puissent se produire et en raison de quelle puissance occulte, M. Pasteur avait-il le droit de supprimer de ce monde, des citoyens, auxquels il avait je le répète, notoirement inoculé la rage ? Alors que de la part d'un autocrate, la monstruosité de pareils faits, soulèverait l'indignation du monde civilisé ?!

Mais simplement, parce que les journaux bien pensants, on bien payés, dont parlent MM. Raspail s'attellent à cette tâche honteuse et s'évertuent à faire prendre le change à l'opinion publique!

C'est ainsi que M. Simon Levrai, dans un article dithyrambique inséré dans le supplément du *Petit Journal*, où ce publiciste s'impose la mission de moraliser à froid (article écrit à l'occasion de la mort de Pasteur), menace des foudres de son éloquence, tous ceux qui oseraient élever la voix contre l'oiseau de haut vol de son choix, qu'il porte aux nues, en s'inspirant sans doute de l'article à sensation de M. Duclaux, inséré quelques jours auparavant dans la *Revue de Paris* du 5 octobre. C'est ainsi qu'on écrit l'histoire! De sorte que les jongleries de Garches continuent à se produire, malgré les *silencieuses déconvenues!* .. Il est vrai qu'on obtient des semblants de succès, que la presse achetée enregistre avec éclat! Or voici comment ces cures s'opèrent en partie. A la moindre apparition d'une angine anodine, d'un simple mal de gorge, les affidés de Garches, alarmistes à outrance, annoncent invariablement, ou le croup, ou la diphtérie! et vlan! on pratique une injection, deux injections et la sérothérapeutie compte une cure de plus à son actif. Mais, quand le cas se présente chez un membre d'une famille riche, on injecte encore à titre prophylactique, le père, la mère, les grands parents, les enfants, les domestiques! du valet de chambre jusqu'au concierge; tant pis si le sérum injecté contient le germe d'une maladie plus grave, ou plutôt tant mieux! car si la facture est élevée d'un coté, d'un autre coté encore on a de nombreuses visites en perspective, grâce au sérum de la maison Pasteur, Roux, Kitasato, Behring et Cie qui guérit, quasiment, la diphtérie!

Mais ce qu'il y a de plus étrange encore, c'est que la presse véreuse, inconsciente ou complice, fait un mérite aux oiseaux de haut vol, (que M. Levrai, le moraliste du *Petit Journal*, entrevoit surmontant les obstacles, luttant contre les ouragans), d'une découverte qui n'est pas du tout, mais du tout, sortie du cerveau du grand homme, que les péripéties de l'année terrible ont eu le privilège de mettre en jachères, ainsi que M Duclaux son confident intime en refait ensuite la confidence aux lecteurs de la *Revue de Paris,* lorsqu'il attribue à son ami et maître, le mérite d'avoir, au moyen d'une idée géniale, combattu l'invasion pacifique des bières allemandes, alors qu'il n'y aura bientôt plus un établissement sur les boulevards, qui ne vende de la bière de Munich.

Pourquoi cela ? Parce que cette idée géniale qui sortit de l'encéphale du chef de l'antiseptie, consistait tout uniment en ceci — *Vacciner la bière* — au moyen de l'acide salicylique ! et il s'est trouvé des brasseurs assez ennemis de leurs semblables pour empoisonner leurs produits ! Pas heureuses les idées du Napoléon moderne ! lequel se berçait de l'espérance, (vanité monstrueuse) de relever à lui seul — sa *chère France* — sa *chère Patrie — ... de ses désastres ?!* Présomption ridicule, car la presse elle-même, entreprit plus tard une campagne contre l'idée géniale, en se gardant bien d'en rendre responsable l'unique auteur de cet empoisonnement général, qui eut pour résultat de discréditer les bières françaises, au point, que la porte entrouverte à l'importation des bières allemandes, s'ouvrit à deux battants, pour laisser passer les bières de Munich.

Il serait bien difficile à M. Duclaux, malgré son éloquence émue, de nous tromper sur ce point, comme il lui sera peu facile de nous faire croire au patriotisme — *désintéressé* — de son ami, de son — maître ! — Car pour celui qui préfère le patriotisme sans phrases, au patriotisme éventé dont M. Duclaux accommode si bien les reliefs, l'acquisition à beaux deniers comptants de la découverte de MM. Behring et Kitasato, par la maison Pasteur, Roux et Cie est une simple spéculation, dont les spéculateurs furent les premiers dupes et dont le public sera encore une fois la victime, ainsi que je l'ai expliqué plus haut ; car les mystificateurs de Garches sont sans scrupules sur cè point !

Or, savez-vous ce que cette magnifique affaire a dû rapporter à ceux qui l'ont lancée ? Il est assez facile de s'en rendre compte approximativement : Essayons donc un peu !... Si l'on s'en rapporte aux deux cent mille francs, qu'à elle seule la ville de Béziers a versés à la caisse patriotique de M. Pasteur, la recette totale de la souscription a dû s'élever au bas mot, de quatre à cinq millions de francs, lesquels placés convenablement en achat d'immeubles — par exemple, doivent rapporter en moyenne, à raison de 5 0/0 (mettons pour 4 millions seulement). . . . 200.000 fr.

Ajoutons à cette somme :

1° les 80,000 francs de subvention annuelle que la maison Pasteur soutire à l'Etat, ci 80.000

2° la rente annuelle concédée à la veuve du grand homme, ci 25.000

3° le montant approximatif du loyer des locaux concédés à Garches, ci 15.000

Nous trouvons par conséquent en chiffres ronds, la somme de fr 320.000

de revenus annuels, assurés à la maison Pasteur, dont pas un sou n'est sorti de la poche de celui qui se vantait de nous relever de nos désastres, est-il besoin de le rappeler ! Mais ce n'est pas tout encore ! Car M Pasteur, qui selon M. Duclaux aurait fait un si riche présent en donnant ses découvertes à sa patrie, s'est réservé le droit exclusif de vendre — le *sérum* — au public. Absolument comme il s'était fait jadis marchand de vaccin rabique et vendait le vaccin de la rage, avant de fabriquer du sérum chevalin, alors que l'Institut Pasteur, également élevé avec l'argent récolté par la presse, déclaré d'utilité publique, était également aussi subventionné par l'Etat, et ceci sans préjudice de la rente annuelle allouée au patriote, par la France appauvrie, à laquelle il avait eu la douce joie de faire cadeau du fruit de ses travaux immortels ! CHÈRE FRANCE ! CHÈRE PATRIE !... TRÈS CHER PASTEUR !

Il convient par conséquent d'ajouter à la somme respectable susdite, les bénéfices éventuels réalisés sur la vente dudit sérum — à l'*Univers entier* — affaire dont l'importance est incalculable ! Car, la dépense pour la marchandise obtenue, se résume uniquement, en achat de fourrages, de grains, etc., nourriture que les chevaux de Garches transforment tout naturellement en *sérum*. Mais comme le plasma sanguin, sur lequel flotte ce principe vital, lequel, n'est au demeurant que de la lymphe, se renouvelle rapidement, après une saignée, et que la maison Pasteur n'a pas de frais de logement à payer, qu'elle est, à part cela, exempte de tout impôt, etc., cette affaire m'a tout l'air de permettre à ceux qui l'ont entreprise de réaliser une fortune colossale ! Surtout si, comme on l'annonce, ils s'imaginent et font croire au public, qu'ils ont découvert de nouvelles applications, de nouveaux bienfaits pour l'humanité, puisqu'on parle maintenant de mettre en vente le sérum contre la fièvre puerpérale, contre la pneumonie, contre la tuberculose et — *contre le choléra !* — De sorte que les pharmaciens pourront se croiser les bras lorsque les recherches scientifiques *(sic)* auront conduit les bactériologistes à découvrir : le sérum curatif de la *chlorose*, de la *cachexie*, de la *phtisie*, de la *fièvre jaune*, du *vomitonégro*, de la *peste*, de la *rougeole*, de la *scarlatine*, de la *goutte*, des *rhumatismes*, de la *migraine*, de la *rage des dents*, de la *surdité*, de la *méningite*, des *cors aux pieds*. je cite au hasard, de la *scrofule*, des *darthres*, de la *syphilis*, du *cancer*, des *tumeurs*, etc., etc , puisque M. Pasteur a eu le pouvoir de faire décréter le monopole exclusif en faveur de son entreprise, contrairement à la loi, qui n'admet, ni brevets d'invention, ni monopoles pour les découvertes de spécifiques, quelle que soit leur nature, dont la formule appartient de droit à la pharmacie (1) !

Mais comme ces bénéfices éventuels, en raison même de ce monopole, tomberont directement dans la poche des associés de la maison Pasteur, et non dans les caisses de l'Etat, lequel Etat s'est engagé au contraire à subventionner l'entreprise, il est permis de se demander en raison de quels sophismes amphigouriques, M. Duclaux et ses confrères, en PUFFISME, parviendront à démontrer de quelle manière l'homme sublime — le grand parmi les grands — l'homme fort, auquel il était uniquement permis de se tromper, entendait relever sa chère patrie de ses désastres ! ? Et combien paraîtra ironique cette appréciation de Huxley (l'inventeur du protoplasma sous-marin ou Bathybius Hackelii) propos que rapporte M. Duclaux, très sérieusement — c'est triste à dire, sans conviction — que les immortels travaux de Pasteur valaient à la France plus que les milliards versés à la Prusse, après la liquidation de l'année terrible, laquelle, je le répète, eut l'avantage de mettre le cerveau de l'image adéquate — en jachères !

Il est pourtant à supposer que les *Rouiller*, *les Létang*, les *Reveillac*, les *Née*, les *Amédée Gérard*, les *Goriot*, ainsi que les enfants, les femmes, les hommes, que l'antiseptie a tués, depuis que le père de cette méthode s'est permis de vaticiner, d'injecter, d'expérimenter sur l'homme, se seraient bien passés de l'être aussi savamment !

Il est vrai qu'ils n'étaient pas des savants les malheureux ! car entre savants on se rend le service réciproque de se gratter à l'endroit sensible, où le Lavoisier moderne surtout, avait pour habitude de se gratter lui même, lorsque son prurit le démangeait par trop ! C'est ainsi que M. Renan, lui aussi, chatouillait la fibre érectile du génial observateur, dont la trainée lumi-

---

(1) Il est bien entendu que les pharmaciens peuvent dormir sur leurs deux oreilles.

neuse éblouit encore à cette heure, les disciples de son école, ses associés, dans l'entreprise grandiose de Garches, laquelle couronne si dignement une vie si noblement remplie !

C'est ainsi que par la question — ARGENT — s'explique le lyrisme des uns et l'enthousiasme des autres, surtout depuis que l'homme audacieux a posé la main sur la caisse de l'Institut et que chaque année on se partage *en famille*, les sommes mises par des philantropes à la disposition de l'assemblée savante, dans le but exclusif d'encourager les recherches, de susciter des découvertes, parmi les pionniers de la science, les chercheurs du monde entier, dont je le répète les communications, les découvertes sont écartées ; quitte à les accommoder plus part à la sauce conforme aux nouveaux programmes, par ceux qui défendent les fonds affectés à une destination autre que leurs porte-monnaies, comme un chien défend un os ! (1) C'est en raison de ces principes malhonnêtes que M. Roux a raflé le prix Monthyon, l'an passé, malgré le magnifique apport que lui valurent les coups de grosse caisse de la presse — *véreuse* — probablement grassement rétribuée ! Car la presse moderne ne travaille pas pour le roi de Prusse, on n'en a eu que trop de preuves, hélas ! en ces derniers temps !

Maintenant voyons un peu ce que la France doit encore à M. Pasteur et à la gloire d'avoir produit un homme, un génie, comme la terre en produit si rarement, d'après ses panégyristes ! Affirmation que je ne conteste pas ! Car jamais un semblable mystificateur ne s'est imposé avec cette audace et ce bonheur, aux

---

(1) Il est à remarquer que pour la plupart des prix affectés aux découvertes ou aux travaux sérieux des chercheurs, les membres de l'Institut n'ont pas la faculté de concourir. De là des arrangements à l'amiable, comme celui que M. le docteur Déclat dénonce à l'occasion du prix décerné à M. Lister qui revenait de droit, paraît-il, à M. le docteur Déclat !

savants du monde entier, d'abord, à toutes les nations civilisées ensuite, au moyen de procédés aussi puérils, aussi peu logiques, aussi peu scientifiques, que ceux qui sortirent si étourdiment de son imagination mal équilibrée ! Ainsi que je pense l'avoir prouvé!

. . . .

J'ai sous les yeux le rapport adressé au gouvernement, par la Commission d'assurance et de prévoyance sociales, présidée par M. Jules Siegffried et par MM. Sarrien et Audiffret, vice-présidents, dont les conclusions tendent à l'unanimité à faire adopter la proposition de loi élaborée par M. Audiffret et un grand nombre de ses collègues, ayant pour but de faire allouer une somme de 250,000 fr. pour faciliter les recherches scientifiques (poursuivies si vainement depuis plus d'un quart de siècle de l'aveu même de ceux qui se livrent à ces recherches ineptes). somme sur laquelle une grande partie, d'après les termes mêmes du rapport, serait encore versée à l'Institut Pasteur et à sa succursale de Garches ! Cette proposition, probablement suscitée à l'un ou à l'autre des membres de la société de prévoyance, par les bactériologistes de l'exploitation susdite, donnera donc encore une fois une idée de l'âpreté au gain, qui caractérise ces patriotes !

Toutefois, s'il reste encore un peu de jugeotte, à ceux qui croient à la science d'un Pasteur, à ceux qui se sont laissés circonvenir par la jactance des spéculateurs, dont les Revues scientifiques et les journaux reproduisent les réclames intéressées, l'accroissement effrayant de la mortalité en France, qui résulte de la suppression de la médecine hippocratique et de son remplacement par l'empoisonnement général de la société moderne, devrait au moins leur ouvrir les yeux !

Et ceci en raison du syllogisme de Claude Bernard lui-même, qu'il résume ainsi :

« Quand, on rencontre un fait en opposition avec une » théorie régnante, il faut accepter le fait et abandon-

« ner la théorie, lors même que soutenue par de grands » noms, elle serait généralement adoptée. »

Or ces faits sont malheureusement prouvés par les raisons mêmes, invoquées au cours de ce rapport concluant à faire allouer les 250,000 fr. en question, et s'appuyant sur les données de M. Baron, le premier lauréat du concours Péreire sur le paupérisme, lequel nous apprend, que chaque maladie, soignée dans les hôpitaux, revient en moyenne à 200 fr. Cette somme, ajoutée aux pertes de salaire et multipliée par le nombre de malades, élève la dépense totale annuelle improductive et de pure défense, à environ — *un milliard* — pour la France, c'est-à-dire à près du vingtième de sa production nette !! A ce chiffre il convient encore d'ajouter les dépenses d'entretien de 60,000 aliénés qui coûtent 30 millions à l'Etat par an. Charges immenses qui ne peuvent que s'aggraver avec le temps, si la doctrine de M. Pasteur n'est pas abandonnée (1)

Il est au surplus un moyen bien simple de se rendre compte, si la découverte des deux procédés qui ont été créés par la *science moderne,* (?) *la vaccination* et plus récemment la sérothérapie, ont réellement la valeur que leurs auteurs leur attribuent, et si, comme on le soutient, ils remplacent avantageusement la thérapeutique ancienne, en raison de laquelle on admettait ; que nous portons en nous mêmes les causes de notre destruction ! C'est-à-dire la fermentation putride à l'état latent, ce qui ne fait pas de doute — pour ceux qui ont un nez, c'est-à-dire pour tout le monde ! Qu'on me pardonne cette réflexion ! Ce moyen serait de comparer la mortalité (en France) de ces vingt dernières années, à la mortalité des vingt années qui précédèrent la suppres-

(1) Les Membres de la Faculté de Lyon reviennent pour la plupart, à la pratique de la médecine ancienne ! De là cette diminution des cas de diphtérie, attribuee à tort à la prophylaxie par le sérum !

sion des méthodes anciennes, pour lesquelles nos savanticules modernes témoignent tant de mépris! En tenant compte, bien entendu, de la moyenne de la population, dont l'accroissement reste stationnaire, soit en raison d'une stérilité voulue, soit à la suite de l'impuissance, où les médecins modernes sont réduits — de *guérir quelle maladie que ce soit,* infectieuse ou non. Et ceci, je le répète, par la raison, que, toutes ces maladies ont *une commune origine* : La diffusion des sucs putrides que nous distillons dans nos intestins et surtout dans le cæcum, lorsque ces appareils excréteurs sont encombrés! Ce qui arrive à la suite de chauds et froids accumulés, ou d'un refroidissement prolongé, en raison desquels accidents, la somme des sucs putrides distillés au sein de notre organisme, et, ramenés dans l'*économie*, dépasse la somme des sucs nutritifs distillés par nos appareils digestifs, en raison même de l'arrêt de nos fonctions. Phénomène naturel qui permet de ramener à une cause unique toutes les maladies infectieuses, dont la fermentation putride intestinale est la base initiale et dont les — *microbes* infectieux — c'est-à-dire les *ferments aériens* (et non les infusoires), dont le protoplasma, né sur des matières putrides ou sur des matières organiques désorganisées, en pleine évolution putride, contaminé lui-même, sont les agents uniques, ou si l'on veut les boute-feu!

De sorte que la seule et unique prophylaxie qui existe sur notre globe, se résume en ce syllogisme, qui devrait être inscrit en lettres d'or au frontispice de toutes nos facultés de médecine :

VENTRE LIBRE, TÊTE FROIDE ET PIEDS CHAUDS!

Voici ce que n'a pas compris M. Pasteur lorsqu'il se mêla de réformer la médecine, malgré qu'il n'ait jamais été médecin et qu'il n'ait jamais donné un coup de bistouri de sa vie, de l'aveu même de M Duclaux! Voici pourquoi il a vaticiné et que ses disciples vaticinent! Voici pourquoi la médecine n'existe plus!

Enfin, voici pourquoi il meurt annuellement 835.000

personnes, enfants, adolescents, hommes et femmes dans la force de l'âge, chefs de famille, uniques soutiens des leurs, qui souvent laissent après eux à côté des regrets qu'ils emportent, la misère la plus noire et l'abandon le plus complet (1).

De sorte que des centaines de millions sont encore employés pour soulager ces misères imméritées, pour élever les orphelins, secourir des veuves, au moyen de l'assistance publique, dont le budget insuffisant n'arrive pas même à porter un remède efficace à ce désastre social !

Telles sont les conséquences qui résultent de cette — Banqueroute de la science — dénoncée l'an passé par M. F. Brunetière, lequel n'en a pas approfondi, toute l'importance, péril social que je dénonce, en me moquant à mon tour des clameurs que pourraient susciter mes critiques ! Au surplus j'attends les contradicteurs de pied ferme !

Encore une fois, voici comment Pasteur, l'homme génial, dont le nom est dans toutes les bouches, entendait relever la France appauvrie de ses désastres, lorsqu'il eutla joie de *donner*, à sa *chère patrie*, le fruit de ses découvertes !

Mais comme la responsabilité de ses actes retombe entièrement sur ce savant, parce qu'il a persisté dans la voie où il s'était engagé. De même qu'il a poursuivi le but caché qu'il se proposait d'atteindre — battre monnaie — sachant pertinemment qu'il s'était trompé, soit par les avertissements de savants plus compétents que lui, soit par des insuccès ayant entraîné — *mort d'hommes* — (insuccès qu'on ose traiter cyniquement de *silencieuses déconvenues*, ce qui prouve combien le respect de la vie humaine est tombé bas, bien bas), on a le droit de se demander ; si celui qui a pénétré les vrais motifs qui engagèrent l'auteur de ces désas-

(1) Ce sont les termes mêmes du rapport.

tres à organiser autour de ses actes criminels la conspiration du silence, n'a pas le devoir de parler? Surtout lorsque l'un des siens a été victime de cette ignorance, de cette coupable indifférence qui règne sur la France dupée, et se maintient au moyen de bulletins mensongers, de phrases ronflantes. où les mots de gloire, de génie, de découvertes éminemment françaises, de rôle civilisateur de la France, etc., dominent? Et quel sera le moraliste en rut, qui oserait traiter de blasphémateur, lorsqu'après avoir dit la vérité, toute la vérité, ce critique autorisé, pense avec Schopenhauer que .. la responsabilité d'actes aussi criminels ne se rapporte qu'en apparence à ces actes et retombe surtout, sur le caractère des hommes qui les commettent.

D'où il résulte, que les jugements rejaillissent des actes sur la nature morale de leurs auteurs. — Ne dit-on pas en effet en présence d'une action blâmable : Voilà un méchant homme ! Quelle âme mesquine, hypocrite et vile ! C'est sous cette forme que s'énoncent nos appréciations et c'est sur le caractère même que portent nos reproches.

C'est aussi sur le caractère de l'homme qui osa inoculer la rage à beaucoup de ses semblables, en raison de phénomènes mal observés, purement spéculatifs, qui eut la froide cruauté de les faire disparaître ensuite en usant d'un pouvoir, que même un souverain n'oserait pas s'attribuer, que portent le mépris et l'aversion que m'inspirent ses actions! Parce que loin d'être passagers, ses agissements continuent à se produire après vingt années d'insuccès, de tâtonnements — de déceptions sans espoir de succès !

. . . .

A vous cultivateurs de Garches ! A vous qui prétendez qu'il ne faudrait pas éparpiller dans les divers laboratoires, les *nouvelles ressources*, c'est-à-dire les 250,000 fr. qu'on réclame en grande partie pour vous dans le rapport, dont vous fûtes les inspirateurs sans doute, alors que vous n'avez pas encore, pu épuiser les millions récoltés par le *Figaro!* A vous de disculper votre maître !

A vous de démontrer que mes critiques sont exagérées ! A vous de prouver, autrement que par des synthèses mensongères, de stériles déclamations, que pendant toute sa carrière Pasteur n'a pas mystifié ses collègues de l'Institut et les savants du monde entier!

Quant à vos recherches, elles sont vaines et resteront stériles! Par la simple raison que vous ignorez le premier mot de la chimie organique et de la physiologie! Parce qu'il est impossible d'empêcher aux effets de se produire dont on ignore les — causes ! — Parce que l'organisme simple que vous dénommez – *Microbe* – n'est pas issu d'un ovule d'infusoire, ainsi que votre *vénéré maître* l'a soutenu envers et contre tous, ainsi qu'à sa honte tous les livres de chimie le prétendent avec lui et d'après lui ! Parce que la véritable science est austère et pure de toute spéculation ! Parce qu'elle ne repose que sur la vérité et non sur le mensonge et l'imposture !

Or, s'il vous reste une étincelle de patriotisme, une lueur de fraternité humaine, au fond du cœur, vous cesserez de pratiquer vos expérimentations homicides sur vos semblables, au nom du respect de la vie humaine et de la morale outragée, si vous ne voulez pas mériter — maintenant que vous savez la lourde responsabilité qui pèse sur vous – le nom de *malfaiteurs patentés!* Stigmate que la postérité ne manquera pas de vous appliquer, si vous continuez à suivre la voie criminelle où s'engagea votre – Pasteur — avec tant d'audace et où malgré ses déconvenues, je ne saurais trop le répéter — il persista jusqu'à son dernier souffle, à se maintenir, en raison d'un orgueil monstrueux, qui ne fléchit, que devant les cris de sa conscience et de l'acuité de ses remords, dont les larmes qu'il répandit furent le témoignage indélébile !

Nevers. — Imp. L. Gourdet, 10, rue Saint-Didier.

www.ingramcontent.com/pod-product-compliance
Ingram Content Group UK Ltd.
Pitfield, Milton Keynes, MK11 3LW, UK
UKHW020427230726
13925UKWH00004B/1629

9 782013 539890